Les affiliations par et avec le numérique

Ouvrage publié avec le soutien de l'Université de Rouen Normandie
et l'Université de Bordeaux-ESPE

www.editions-hermann.fr

ISBN : 978 2 7056 9402 9

Les affiliations par et avec le numérique

Sous la direction de
Vincent Liquète et Karel Soumagnac

hermann
Depuis 1876

Affiliation(s) et numérique[1] : approche anthropologique

par Franc Morandi

Le monde numérique est un monde d'affiliations : réseaux, flux automatisés, forums, agrégations de données, affiliations bibliothéconomiques – parmi bien d'autres applications foisonnantes –, en font un mode majeur. Elles contribuent à l'intégration généralisée des échanges sociaux et à la circulation des connaissances dans des modes globaux (au sens de Mac Luhan) de communication. Au sein de ce monde numérique, les affiliations constituent une zone d'échange porteuse de significations symboliques et sociales. Leur multiplicité accroît l'importance d'une appartenance et d'une intégration, et façonne l'expérience de soi. Leur observation correspond au souci d'interroger la manière dont nous communiquons dans et avec le numérique, celle dont nous construisons nos propres identités ainsi que nos savoirs. Dans un contexte translittéracique, la notion interroge les processus de communication entre médiations et médiatisations, sous le mode de « trivialité », « caractère fondamental des processus qui permettent le partage, la transformation, l'appropriation des objets et des savoirs au sein d'un espace social hétérogène » (Jeanneret, 2008). L'affiliation est à la fois un acte de communication nécessaire à l'appropriation de connaissances et à l'existence sociale elle-même et un objet culturel du fait même de la circulation créative qu'elle réalise.

---

1. Ce chapitre reprend en partie les éléments d'introduction au Colloque « Translittératie et affiliations numériques », 4-5 février 2016, IMS, Bordeaux.

À ce titre on interroge la logique d'affiliation des pratiques plurielles immergées dans le numérique. Cette logique, déjà décrite dans le droit romain, précède et traverse les enjeux du numérique. Observons par quelques éléments leur mise en rapport.

I. L'affiliation sociale et intellectuelle

1. *Construction de la notion : la dimension anthropologique et sociale*

La notion d'affiliation décrit le processus par lequel un individu adhère à une communauté mais aussi s'approprie, cognitivement et socialement, les « allant de soi » (Coulon, 1999), l'*habitus* d'un groupe social. Entre individu et socialité, elle décrit le lien intentionnel qui réunit une communauté, un réseau informationnel et/ou documentaire, source d'identité partagée autant que de savoirs. Comme processus, par l'affiliation se joue le partage et l'identité par rattachement et intégration à des modes de faire et à des valeurs. Comme effet, ce qui lie par affiliation un individu à une communauté est plus qu'une simple adhésion, l'intégration dans l'ordre des pratiques autant que la reconnaissance au sein des groupes sociaux. Comme pratiques réalisatrices, les affiliations s'observent dans cette double dimension sociale et cognitive et dans leur dynamique émergente au travers des environnements « affiliants », de la famille, de l'université ou aujourd'hui du numérique.

L'affiliation figure à divers titres dans la compréhension des phénomènes liant individu et espace social. Pour Bézille (2010) l'affiliation est vue comme un concept clé : « il désigne dans son sens usuel le rattachement ou l'appartenance d'un sujet à un groupe, ou d'un groupe à une unité plus vaste ». À ce rattachement premier s'adjoint une dimension d'inscription culturelle et de ses modes de représentation : « la notion désigne l'inscription du sujet dans un ordre social et symbolique qui passe par le groupe, le modèle familial constituant la référence ». L'adhésion formelle n'est jamais sans lien avec l'attachement à des modes de pensée, de représentations de soi et des autres, et aussi des savoirs partagés et des modes de partage des savoirs, sur le modèle des communautés.

Dans un contexte ethnométhodologique Ogien (1985) décrit l'affiliation comme une procédure sociale, à la fois comme inscription dans des liens sociaux primaires, appropriation de codes implicites et opération de raisonnement pratique : « l'affiliation est conçue comme une procédure qui, à la fois, organise les échanges entre acteurs en constituant les règles qui gouvernent cette organisation et établissent, entre des individus en interaction, le sentiment qu'une compréhension mutuelle s'instaure ». L'accent est mis sur la dimension d'activité qui unit les actions individuelles et le développement d'un ensemble symbolique et collectif. L'affiliation s'associe aux représentations qui lui donnent sens au-delà du plan formel, telle celle du sentiment d'appartenance.

La notion est aussi relevée en sociologie de l'intervention sociale, mettant l'accent sur trois dimensions importantes du processus de socialisation (Ogien, 1985) : la dimension contributive qui rend l'individu responsable parce qu'il participe à la relation sociale, la dimension identitaire qui aide l'individu à se situer par rapport aux autres et à être reconnu pour ce qu'il est, et la dimension axiologique qui lui donne des moyens de maîtrise de soi. Castel (1995) utilise le concept de « désaffiliation » pour remplacer celui d'exclusion. Pour lui l'affiliation est un attachement volontaire : un rattachement à. La désaffiliation accompagne le dysfonctionnement des systèmes sociaux et retentit sur la psychologie des individus. Il définit quatre zones : une zone d'intégration, une zone de vulnérabilité, une zone d'assistance et une zone de désaffiliation. La première figure renvoie au déficit d'inscription dans des liens sociaux primaires (notamment familiaux) et donc de protection rapprochée (par des proches). La deuxième, la désaffiliation, renvoie au déficit d'inscription dans des formes collectives de protection et, en particulier, la protection issue des collectifs de travail. On passe du manque de filiation au manque d'affiliations.

Franck Dorso (2012), dans un sens différent, situe l'affiliation dans une sociologie de l'écart, marquant la tension entre différenciation et affiliation, en soulignant l'importance de la norme sociale, et en faisant de l'affiliation un élément-clé du processus d'individuation, de construction de soi : « la construction de soi s'opère dans un mouvement d'affiliation aux normes, dans le besoin de confiance, de reconnaissance, de cadres et de routines ». Une double socialisation s'opère, socialisation de soi avec les autres, émergence des communautés, et construction de soi dans l'altérité. Conçue comme appartenance, l'affiliation devient le principe d'une auto construction.

2. *L'affiliation intellectuelle*

Une deuxième expression de la notion met l'accent sur les aspects cognitifs et sociaux, tels ceux du « métier d'étudiant », comme adhésion à un mode intellectuel. Celui-ci est étayé par un certain nombre de postures, de mode de faire situés dans une pratique, sorte de mode d'emploi que l'étudiant doit incorporer pour intégrer le monde académique et être acteur de sa propre pratique. C'est en ce sens qu'Alain Coulon, dès 1997, décrit l'affiliation intellectuelle et ses enjeux pour l'enseignement supérieur : « par affiliation, il faut entendre le processus qui consiste à découvrir et à s'approprier les allant de soi et les routines dissimulées dans les pratiques de l'enseignement supérieur ». Cette intégration à une « culture », sous forme de routines, serait la « boîte noire de la sélection » à l'université, la réussite impliquant l'adaptation nécessaire mais complexe aux codes, souvent implicites, de l'enseignement supérieur : « s'affilier au monde universitaire serait, du point de vue intellectuel, savoir identifier le travail non demandé explicitement, savoir le reconnaître et savoir quand l'accomplir. Pour réussir, il faut comprendre les Codes du travail intellectuel, cristallisés dans un ensemble de règles souvent informelles et implicites, être capable de voir la praticabilité du travail demandé, et savoir le transformer en savoir pratique » (Coulon, 1999). Sont décrites les étapes de la formation au travail intellectuel de l'étudiant de premier cycle universitaire (Université de Paris 8) à partir des activités observables dans les processus de recherche et d'appropriation de l'information, au centre d'une méthodologie du travail intellectuel associée au travail de l'étudiant (ses « études »). Coulon souligne que cette « compétence » regroupe à la fois des éléments cognitifs (contenus intellectuels, méthodes d'exposition du savoir ou documentaires) et identitaires (*habitus* étudiant). Cette association fonctionnelle de l'affiliation intellectuelle et d'une culture informationnelle peut constituer une piste d'analyse pour les processus d'affiliation numériques.

Coulon en fait une condition de l'activité : « l'affiliation insiste davantage sur l'activité du sujet et indique la confiance qu'on peut avoir dans la force de l'apprentissage dans l'évolution personnelle des individus ». L'affiliation est conçue comme un apprentissage et une clé : « l'étudiant est alors doublement affilié socialement et intellectuellement : d'une part, sur le plan institutionnel, il sait désormais comprendre et interpréter les multiples dispositifs institutionnels qui régissent la vie quotidienne d'un étudiant; d'autre part, il commence à savoir également ce qu'on attend de lui, sur le plan intellectuel cette fois, pour qu'il fasse la preuve de sa compétence d'étudiant » (1999). Les limites de la notion proposée d'affiliation intellectuelle tiennent ici au présupposé d'une stabilité des normes et du modèle académique : « la thématique de l'affiliation supposerait, pour être totalement pertinente, que les normes universitaires, académiques en particulier demeurent intactes, ce qui n'est vraisemblablement pas le cas » (Rayou, 2007)[2]; mais aussi dans les diversités des stratégies et des expériences. La mobilité de cette construction renouvelée interroge aujourd'hui les rôles de l'affiliation, sa part dans la construction sociale dans un environnement de désintermédiation institutionnelle et dans la multiplication des affiliations au sein du numérique. Les pratiques numériques, notamment les pratiques juvéniles (Dauphin, 2012) sont des constructions devenues « naturelles » de d'expérience de leur identité dans des espaces médiatisées, engageant une forme d'expérience intellectuelle et collective. Les processus d'affiliation/désaffiliation (formels et informels) peuvent s'observer dans la distribution des savoirs et les effets identitaires au sein des réseaux et des environnements numériques. Les affiliations numériques pourraient autant renforcer la reconnaissance au sein de collectifs en relayant les formes « classiques » d'affiliation (et leurs obstacles), que permettre de nouvelles formes d'usages.

II. Les affiliations numériques : points de vue

1. *Le numérique et la « socionumérisation »*

Le numérique peut être présenté à la fois comme technologie intellectuelle et ingénierie des systèmes d'information. Une technologie intellectuelle (Levy, 2000), conditions d'organisation des

2. On notera également que l'affiliation n'est pas seulement passive : elle est l'objet d'une négociation (Rayou, 2004) L'affiliation, décrit une interaction, avec ce que cela comporte de réciprocité.

savoirs (Stiegler, 2015) mobilise les attendus cognitifs nécessaires pour s'exprimer, comprendre et participer à une communauté, y déployer une identité partageable avec les membres de celle-ci. Aux automatismes technologiques correspondent des automatismes psychiques, un *habitus* que l'usager doit incorporer, constituant son rapport pratique au numérique. C'est la capacité à s'exprimer que doit permettre cette mise en œuvre conjuguée de l'activité instrumentée, des habilités (ou routines) et des normes formelles et informelles, principe de l'affiliation « intellectuelle », lien de la pensée à la technique, mais d'abord réalisation de l'activité humaine proprement dite. Douehi (2014) souligne « l'évolution du modèle de l'intelligence vis-à-vis de la technique ». Toutefois les enjeux d'affiliation ne sont pas proprement techniques (sinon à les penser comme instrumentation) mais sociaux, culturels, éducatifs. Le numérique est un milieu (Bachimont, 2015) aux enjeux multiples, ou se déploient des stratégies et de nouvelles pratiques. Les enjeux des affiliations sont ceux du changement des formes culturelles qui redessinent l'appartenance et son expression. Dans ce monde numérique, les affiliations s'observent dans les structures dynamiques unissant un sujet et un environnement numérique en un phénomène humain d'appartenance.

La fonction d'affiliation est nécessairement liée aux nouvelles formes de « communautés de pratiques » (Wenger, 1997, 2002). Celles-ci sont à considérer (Lehmans et Morandi, 2015) « comme des collectifs humains visant à organiser puis décliner l'action autour de trois principes phares, à savoir, l'engagement mutuel (*mutual engagement*), vers une forme de cohésion sociale, une entreprise commune (*joint enterprise*) au sein de laquelle les actions sont négociées collectivement entre les pairs, enfin, sur un répertoire partagé (*shared repertoire*) de création et de diffusion de savoir dans le tissage informationnel ». Mais les affiliations produisent-elles toujours des communautés qui unissent les usages par un attachement ? Le processus d'affiliation et les affiliations au pluriel, au cœur des solidarités identitaires et cognitives, sont à situer la fois comme condition et comme expression originales de « socionumération » (Rieder, 2010). Certaines activités sociales unissent construction personnelle et systèmes d'affiliations dans une sorte de maillage tutoriel continu. Les différentes formes interrogeables au sein des communautés d'intérêt (générationnelles, professionnelles, éducatives) renvoient désormais à un tel maillage cognitif et social. En liaison avec les théories de l'action collective, la production de connaissance s'associe à cette articulation (travail wiki, co-working, etc., parmi d'autres espaces de travail collaboratif). Les affiliations sont ici les moteurs d'émergence de collectifs liant solidarité, échange de savoirs et conceptions de formes créatives liant connu et inconnu, au risque des « liaisons numériques » (Casilli, 2010).

2. *Les pratiques « affiliantes »*

Les affiliations numériques supposent à la fois un milieu globalisant (« infosphère ») et la pratique d'individus singuliers qui y déploient leurs activités individuelles et sociales, sorte de « selfie » généralisé qui constitue à renvoyer son image aux autres pour reconnaissance de soi. Cette figure illustre un des principes des affiliations numériques : être soi parmi les autres, dans la complexité subjective de toute affiliation. Ces pratiques sont cognitivement et socialement situées, observables collectivement dans leur synchronie, et pas seulement dans la diachronique d'un cadre sociotechnique (Chaudiron et Ihadjadene, 2010). Elles sont fortement inscrites dans la logique d'un écosystème informationnel. Le processus répond au besoin d'information centré sur des besoins sociaux et cognitifs. Pour Choo (2000), il est nécessaire de considérer l'information non comme un objet, mais plutôt comme le résultat d'une construction subjective, une pratique supposant la transformation d'une information en représentation, d'un « outil » en générateur d'usages.

De la transformation de l'environnement à l'expérience de l'usager, c'est en termes de pratiques que peuvent être décrites les affiliations numériques. Bien plus qu'un instrument d'affiliation, le milieu numérique (cf. *supra*) constituerait un écosystème informationnel où se déploient les pratiques de subjectivation et de socialisation. Elles représentent ce que décrit Douehi (2008) comme l'« hybridation de notre espace habitable, de nos modes de communications, de nos modes de représentations identitaires et de nos valeurs partagées entre des héritages contestés et souvent fragilisés et des idéaux inspirés en partie par la nature même du numérique. Cette hybridité touche à la notion d'individu et de personne comme à celle de communauté et de groupe ». Elle relève d'une nouvelle rationalité numérique d'appartenance et d'identité.

3. *Une subjectivité en ligne*

Faire communauté avec des gens que l'on ne connaît pas, tel semble le paradoxe des affiliations numériques. « Faire connaissance » se constitue dans une nouvelle boucle socialisante d'individualisation dans une forme externalisée et socialisée de soi aux travers des réseaux sociaux. Elles constituent une représentation de soi multiple, configurée au travers d'une constellation d'affiliations (en fonction du sexe, de l'âge, de la classe sociale ou de l'appartenance ethnique). En choisissant un type de présentation et de rencontres en fonction des réseaux socio-numériques, le sujet articule la trame de son identité dans de multiples affiliations, comme mode d'expression. La subjectivation implique que le sujet soit engagé dans des d'activités sociales à la croisée de différents espaces sociaux. Pour Berry (2014), cette « subjectivation computationnelle », affiliée dans et avec des données connectées, à la fois personnelles et socialisantes, est « la façon dont des corps humains éduqués au sein d'institutions sociales et d'appareils computationnels mis en réseau sont conduits à se bricoler des subjectivités capables simultanément de fonctionner envers l'extérieur et de faire sens depuis l'intérieur » (Berry *et al.*, 2015). Elles assurent également l'imputabilité individuelle de caractères ou d'opérations communes, associée au sentiment d'appartenance. Cette socialisation de soi avec les autres, couplage individu et communauté, reproduit le sens d'une affiliation intellectuelle, forme de reconnaissance et exercice même de la connaissance (cf. I.2.). La socialité en ligne, monde de partage, propose un nouveau modèle d'interactions sociales. Dans le droit fil des travaux de Coulon, l'affiliation, comme opérateur « intellectuel » interroge les modes d'apprentissages plus traditionnels au sein de l'université, et de l'éducation en général. Genevois (2013) souligne ainsi que « les formes d'échanges et le nouveau rapport à soi et aux autres construit par les adolescents » font que « ces compétences numériques dépassent largement la maîtrise technique des outils et interrogent directement la manière de former les jeunes ». Cette « subjectivité computationnelle », celle d'un « sujet computationnel » ou « data-centré » (Berry *et al.*, 2015) devient alors critique et réflexive.

4. *Un apprentissage social par « niches »*

Les affiliations numériques supposent ainsi un espace constitué et cohérent d'échanges et une clé, dédiés à leur logique, essentiellement sous forme collaborative. Une « niche » humaine, comme la qualifie Gibson (2014), tels qu'une bibliothèque, un service, un système informationnel social ou professionnel, est associée à notre capacité à en saisir les significations, d'en produire et d'en partager les représentations, entre environnement et action humaine. Mais comment apprend-on en s'affiliant ? Et comment s'affilie-t-on en apprenant ? Cet exercice même de la connaissance se produisant sous forme d'apprentissage social peut être associé une hypothèse : apprendre par affiliation surviendrait le plus souvent sur une base vicariante, c'est-à-dire en observant le comportement des autres et les conséquences qui en résultent pour eux, loin des aides méthodologiques formelles (cf. Coulon, 1999). L'apprentissage dit vicariant (Bandura, 1986), résulte de l'imitation par l'observation d'un pair qui exécute le comportement à acquérir (formateur ou membre – leader du groupe). Cette expérience vicariante est aussi réglée par le sentiment d'auto-efficacité définie par Bandura comme la perception qu'a un individu de ses capacités à exécuter une activité qui influence et détermine son mode de penser, son niveau de motivation et son comportement. Bandura considère, selon cette hypothèse, que les sujets s'engagent à exécuter les activités qu'ils se sentent aptes à accomplir et évitent celles qui remettent en question leur efficacité. Les affiliations constitueraient ainsi des sphères « autoapprenante », chaque sujet intégrant en situation « par imitation active » et action encouragée les règles communes et les possibilités d'action, réglées par le sentiment d'auto-efficacité. Ainsi, les cultures autour du numérique seraient des temps et des espaces sociaux permettant, par bouclage, d'apprendre et de comprendre les routines et les procédures qui en sont les clés, par efficacité sociale et cognitive. Ce qui interroge à rebours le statut des niches, et l'accès possible pour tous à des îlots informationnels représentatifs d'une culture ouverte.

III. Le numérique au regard des affiliations

1. *Affiliation et culture participative*

La nouvelle économie et la nouvelle expérience de l'échange, non de biens mais de datas de socialité, font des affiliations une des formes de la culture participative (Jenkins, 2006[3]). Celle-ci associe « adhésions formelles et informelles des communautés en ligne centrées autour de diverses formes de médias ». Dans un univers culturel mouvant, les affiliations intellectuelles sont intégrées aux nouveaux formats de connaissance de la culture participative, dans une culture de la convergence : « la convergence représente ce tournant culturel dans lequel les consommateurs sont encouragés à chercher de nouvelles informations et à mettre en relation des contenus médiatiques dispersés ». Culture collaborative, communautés et connaissance étant de plus en plus liées, les affiliations numériques deviendraient, par le biais d'une construction culturelle originale, le théâtre renouvelé des opérations intellectuelles liées à la reconfiguration des savoirs (Liu, 2012). Les modèles ne sont plus linéaires, ou de face-à-face, mais d'interfaces réticulaires et d'une constellation d'affiliations pour un seul sujet. Entre médiations et médiatisations, les affiliations constituent une zone d'échange à la fois dynamique et structurelle dans laquelle se tisse une expérience. L'opération identitaire remplace l'appartenance préfigurée, telle celle du mode d'étude académique. Ce qui lie un individu à une communauté est aussi ce qui lie les connaissances par convergence.

2. *Affiliation, désaffiliation et fracture numérique*

Savoir en contexte numérique, dans sa matérialité (usage d'artefacts, de techniques), sa structure (la lecture et l'écriture numériques), ses objets (trans-médias), sa dynamique réticulaire, peut favoriser des modes

---

3. Pour Jenkins 3 autres formes y contribuent :

– « **les expressions** – produisant de nouvelles formes créatives, comme l'échantillonnage numérique, le dépouillement, […]

– **la résolution conjointe de problèmes** – de travailler ensemble dans les équipes, formelles et informelles, pour accomplir les tâches et de développer de nouvelles connaissances (comme par exemple *Wikipedia*) ;

– **les circulations** – Façonner l'écoulement des médias (comme le podcasting, les blogs) ».

d'interactions sociales, permettre des formes renouvelées d'inclusion et d'intégration sociale, ou, au contraire, augmenter certaines formes d'exclusion par désaffiliation (cf. *supra* Castel). Elles peuvent autant contribuer à la mise en scène des affiliations classiques qu'au renouvellement social comme ouverture par affranchissement, et permettre des désaffiliations émancipatrices. Flichy (2010) évoque un engagement affilié (par une organisation, ou un parti politique) par opposition à un engagement affranchi sur les réseaux. Pour Granjon (2010) Internet a « la plupart du temps, été mis en œuvre par des individus non organisés et souvent éloignés de toute forme d'affiliation politique classique : hackers, artistes numériques, agitateurs autonomes et plus simplement individus un peu bricoleurs, participant depuis leur ordinateur à des mouvements collectifs fonctionnant sur la base de liens faibles et d'anonymat ». Elles peuvent être associées à la fois à la perte et/ou au renouvellement d'un « capital social » (selon l'expression de Robert Putmann). De nombreux enjeux sont liés à la place désormais centrale des affiliations dans les procédures sociales, dans l'accès au savoir, savoir généré, supposant l'établissement d'une médiation avec les îlots d'information et de connaissance.

L'exclusion numérique devient ainsi territoire possible d'exclusion sociale (« fossé » ou « fracture numérique »), la participation au monde numérique devenant une frontière, celle de l'intégration assurée à nos usages, répondant à nos besoins individuels et sociaux. La fracture numérique (Hargittai, 2004), relèverait à fois de dimensions macrostructurales institutionnelles, de l'économie des échanges et des comportements des utilisateurs et des non-utilisateurs. S'ajoute l'émiettement des activités, localisées sous forme d'îlots non communicants, et l'insaisissable des affiliations sans que soit véritablement explicitées les raisons réelles des désaffiliations ou des affiliations-îlots. À cela s'ajoute la dimension d'expérience de l'« initiation sociale numérique » liée aux usages. Pour Granjon (2011) les inégalités numériques « ne concernent pas tant des régimes de manipulations besogneuses d'Internet que des dissemblances effectives concernant la conversion en accomplissement de « bien-être » des possibilités d'action offertes par l'informatique connectée ». Cette « in-capabilité » est bien de l'ordre des pratiques comme « produits intériorisés de conditions sociales particulières ». Le numérique peut être autant un distributeur de nouvelles compétences qu'un obstacle à la construction d'affiliations.

3. *Affiliations et translittératie*

La translittératie[4] interroge les liens entre les expériences multimodales de l'information et les comportements culturels et cognitifs intégrés aux pratiques et aux stratégies d'apprentissage. Le sujet social apprenant a désormais la possibilité d'être, via les réseaux numériques, en contact permanent avec des ressources et un réseau humain formel ou informel (via les communautés) potentiellement co-constructeur de connaissances. Les pratiques socialisées intègrent le cadre académique et les affiliations numériques se conjuguent avec les affiliations éducatives. La double affiliation, académique et informationnelle, interroge, d'une niche à l'autre, la porosité des compétences scolaires et des compétences « intuitives » formelles et informelles en étant en grand part *terra incognita*. D'où le rôle d'une maîtrise multi-domaines qui exige d'être capable de chercher, évaluer, tester, valider, modifier l'information selon ses contextes d'usage pertinents comme horizon d'accompagnement éducatif. La translittératie, observée dans l'espace scolaire et informationnel, met en scène une telle transformation des stratégies d'apprentissage. L'apprentissage passe par des formes d'organisation sociale de l'information : la ré-affiliation intellectuelle passe par le numérique et l'inclut dans ses procédures. Comporte-elle des zones[5] semblables à celles décrites par Castel (1991) concernant la désaffiliation sociale ? Les recherches proposées contribuent à explorer les mises en scène pratiques de l'affiliation intellectuelle numérique (formelles et informelles) dans un environnement translittéracique. Un travail d'explicitation accompagne l'expérience et la mise en scène d'une affiliation « informationnelle » comme vecteur de construction de connaissances au sein même des institutions académiques. Remarquons, comment nous l'avons rencontré, qu'elles renouent avec l'attention portée par A. Coulon sur les méthodologies documentaires et informationnelles prenant part à l'affiliation intellectuelle des étudiants.

---

4. En référence au cadre de l'ANR « Translit », cf. Eric Delamotte, Vincent Liquète et Divina Frau-Meigs (2014, 146) : « le terme translittératie désigne l'ensemble des compétences d'interactions mises en œuvre par les usagers sur tous les moyens d'information et de communication disponibles : oral, textuel, iconique, numérique, [...] essentiellement dans des environnements et des contextes numériques ».

5. Cette réflexion sur les zones d'affiliation /désaffiliation pourrait être mise en rapport avec une grammaire des usages (cf. Lehmans et Morandi, 2015).

L'attention se déplace d'une approche des « usages sûrs et critiques » à l'activité informationnelle réelle des sujets.

Conclusion

L'affiliation constituerait une forme de contrat social et cognitif lié à un espace institutionnel, informationnel ou social. Son origine et sa fonction ne sont pas spécifiquement numériques. La dimension anthropologique de l'expérience « affiliante » engage la socialité de l'exclusion/inclusion sous les modes de l'appropriation cognitive, de l'appartenance et de la reconnaissance de soi. Toute affiliation reposerait sur l'acquisition (formelle ou informelle, explicite ou implicite) de règles d'interprétation et d'usage. Elle permet d'accéder à un statut de collaboration dans l'accès, l'expression et la construction des savoirs au sein de « niches » informationnelles sociales ou professionnelles. Figure accentuée par la présence numérique, l'affiliation est à la fois autorisation, construction interactionnelle et opérateur d'expérience. Elle est également une forme originale de relation aux autres, l'identité numérique étant une représentation de soi multiple. Cette connivence cognitive permet l'accès et le travail d'interprétation des informations et le développement d'actions propres d'expression et de recherche. Situé dans le numérique, l'affiliation est dématérialisée, et son principe devient, au-delà de l'accès, l'enjeu implicite de médiations et d'inclusion dans les nouveaux lieux de connaissance. Elle se conçoit comme l'expérience d'un sujet, agent de son intégration intellectuelle et sociale. Dans les différents usages privés ou académiques (s'il s'agit du métier d'étudiant) cette maîtrise est aussi d'ordre relationnel. À l'échelle d'une société, les affiliations, ressources des relations sociales et de l'action collective, constituent un capital social autant que de connaissance.

Les premiers travaux dans le domaine relèvent de la sociologie et de l'ethnométhodologie. Les éléments observés peuvent suggérer l'intérêt d'y associer les sciences de l'information pour une approche des pratiques et du sujet agent dans une socialité numérique. L'espace numérique constitue une structuration fragmentée par la complexité des affiliations et de leur circulation. L'approche par affiliations des usages permet un regard sur la médiation construite et dynamique qui unit les pratiques. Elle peut s'intégrer aux modèles informationnels axés sur les pratiques situées. La double dimension des affiliations, fil comme lien, filiation comme appartenance et reconnaissance, en exprime la cohérence, en permet l'intelligibilité, et lui donne une valeur propre culturelle et humaine. Il reste à en découvrir les fonctionnalités nouvelles, et, également, les dimensions éthiques.

Bibliographie

Bandura Albert, *L'apprentissage social*, Bruxelles, Mardaga, 1985, p. 206.

Bézille Hélène, « Formation du sujet, apprentissages et dynamique des affiliations », *in Education et francophonie,* vol. 38, 2010, p. 123-137.

Carayol Valérie et Morandi Franc (Eds.), *Le tournant numérique des Sciences Humaines et sociales*, Pessac, Maison des sciences de l'homme d'Aquitaine, 2015, p. 129.

Castel Robert, « De l'indigence à l'exclusion, la désaffiliation », *in* Jacques Donzelot (dir.), *Face à l'exclusion, le modèle français*, Paris, Éditions Esprit, 1991, p. 137-168.

Casilli Antonio, *Les liaisons numériques*, Paris, Seuil, 2010, p. 331.

Chaudiron Stéphane et Ihadjadene Madjid, « De la recherche de l'information aux pratiques informationnelles », *Études de communication* [En ligne], 35 | 2010, mis en ligne le 1er décembre 2012, < https://edc.revues.org/2257>.

Coulon Alain, *Le métier d'étudiant. L'entrée dans la vie universitaire*, Paris, PUF, 1997, p. 219.

— « L'affiliation institutionnelle à l'université », *Pratiques de formation*, 1985, n° 9, p. 137-147.

— « Un instrument d'affiliation intellectuelle », *Bulletin des bibliothèques de France* [en ligne], n° 1, 1999, consulté le 15 juin 2015, < http://bbf.enssib.fr/consulter/bbf-1999-01-0036-005>.

— *Ethnométhodologie et éducation,* Paris, PUF, 1993, p. 240.

Dauphin F., « Culture et pratiques numériques juvéniles : Quels usages pour quelles compétences ? », *in* Questions Vives, *Recherches en éducation*, vol. 7, n° 17, p. 37-52.

Delamotte Éric, Liquète Vincent et Frau-Meigs Divina, « La translittératie ou la convergence des cultures de l'information : supports, contextes et modalités », *Spirale*, n° 53, 2013, p. 145-156.

Dorso Franck, « Pour une sociologie de l'écart. Affiliation et différenciation dans les processus de socialisation et d'urbanisation », *Nouvelles perspectives en sciences sociales*, 2012, vol. 8, n° 1, p. 35-59.

Flichy Patrice, « Les nouvelles formes de collectif », Numéro Spécial, *Réseaux*, 6, 160-161, Paris, La Découverte, 2010, p. 248.

Genevois Sylvain, « Culture numérique et citoyenneté mondiale : quels enjeux pour l'École ? », *Tréma*, 40, 2013, p. 16-27.

Granjon Fabien, « Fracture numérique », *Communications*, vol. 88, n° 1, 2011, p. 67-74.

Gibson James, *Approche écologique de la perception visuelle*, Paris, Dehors, 2014, p. 522.

Hargittai Eszter, « Internet Access and Use in Context », *New Media & Society*, 6 (1), 2004, p. 137-143.

Jeanneret Yves, *Penser la trivialité, volume I : La vie triviale des êtres culturels*, Paris, Éd. Hermès-Lavoisier, coll. Communication, médiation et construits sociaux, 2008, p. 266.

Jenkins Henry, *La culture de la convergence. Des médias au transmédia*, Paris, Armand-Colin, 2013, p. 336.

Lehmans Anne et Morandi Franc, « Approche translittéracique de l'activité informationnelle en éducation : maturité informationnelle et grammaire des usages », *in* F. Barbey, L. Corroy, A. Kiyindou (Eds.), *Education aux médias à l'heure des réseaux*. Paris, L'Harmattan, 2015, p. 330.

Lévy Pierre, *Les technologies de l'intelligence, L'avenir de la pensée à l'ère informatique*, Paris, La Découverte, 1990, p. 234.

Liu Alan, « Translittératies, le Big Bang de la lecture en ligne » *in* e-dossier *Translittératies : enjeux et citoyenneté et de créativité*, 2012, < http://www.ina-expert.com/e-dossier-de-l-audiovisuel-l-education-aux-cultures-de-l-information/translitteraties-le-big-bang-de-la-lecture-en-ligne.html>.

Ogien Albert, « L'affiliation : analyse de la constitution de l'intervention sur autrui », *Pratiques de formation*, numéro double 11-12. En ligne : < http://vadeker.net/corpus/pfem/5-5_affiliation.html>.

Rayou Patrick, « Après les « héritiers ». Les nouveaux étudiants, entre affiliation et négociation », *La Recherche*, 2007, < http://thematic.hautetfort.com/media/02/01/127723776.pdf>.

Rieder Bernard, « Pratiques informationnelles et analyse des traces numériques : de la représentation à l'intervention », *Études de communication*, 2010, 35, p. 91-104.

Stiegler Bernard, *La technique et le temps ; tome I : la faute d'Epiméthée*. Paris, Galilée, 1994, p. 281.

PARTIE I

L'AFFILIATION DANS TOUS SES ÉTATS

I

L'affiliation, appropriation implicite ou automatisation ?

par André Tricot

Introduction

Pour le psychologue cognitiviste que je suis, le concept d'affiliation est extrêmement important. L'événement déclencheur est l'article d'Alain Coulon en 1996, à propos des étudiants de l'université Paris VIII qui avaient choisi ou non de suivre un enseignement de méthodologie documentaire. Pour moi, cela a constitué un moment de bascule. Je ne pouvais plus traiter séparément l'étude des processus cognitifs d'apprentissage et l'étude des raisons pour lesquelles des humains s'engagent dans des apprentissages. Si j'ai dû renoncer à cette scission, c'est à cause ou grâce au concept d'affiliation. Dans le présent article, je propose de discuter du *processus* d'affiliation. Les autres contributeurs abordent différentes manifestations de l'affiliation, différents contextes et de formes de l'affiliation, alors que je vais descendre d'un niveau pour tenter de décrire les mécanismes même de l'affiliation, plus particulièrement de deux processus d'affiliation. Mon propos est extrêmement simple : quand on essaie de comprendre « comment un individu s'approprie, incorpore cognitivement et socialement les « allant de soi », l'*habitus* d'un groupe social ? », selon les termes des organisateurs de ce colloque, on peut répondre de deux manières (au moins), très différentes entre elles et complémentaires. Un exemple de confusion entre ces deux types d'affiliation se trouve dans l'article tristement célèbre de Marc Prensky à propos des *digital natives*.

> As Digital Immigrants learn – like all immigrants, some better than others – to adapt to their environment, they always retain, to some degree, their "accent," that is, their foot in the past. The "digital immigrant accent" can be seen in such things as turning to the Internet for information second rather than first, or in reading the manual for a program rather than assuming that the program itself will teach us to use it. Today's older folk were "socialized" differently from their kids, and are now in the process of learning a new language. And a language learned later in life, scientists tell us, goes into a different part of the brain. (Prensky, 2001)

L'opposition entre les *digital natives* et les *digital immigrants* du numérique est donc fondée sur une analogie avec l'accent. Les immigrés, quand l'immigration est tardive, gardent leur accent. De la même manière, les personnes qui ont découvert les outils numériques tardivement, gardent des maladresses dans ces usages, qu'il est impossible de gommer. Le point de vue que je vais défendre peut se résumer ainsi : cette analogie est absolument non pertinente. Je vais essayer d'expliquer pourquoi selon moi. L'appropriation implicite permettrait de décrire les processus d'affiliation lié à l'accent ; tandis que l'automatisation permettrait de décrire d'affiliation impliquée dans l'utilisation d'outils numériques. Cela me permettra à la fin de l'article de proposer quelques caractéristiques du processus d'affiliation dans le domaine des littératies numériques.

I. Comment fonctionne le processus d'appropriation implicite ?

Depuis une cinquantaine d'années, de nombreux travaux tentent de décrire le processus d'appropriation implicite. Par exemple, les travaux sur l'accent tonique de mot consistent à faire entendre ou à faire prononcer des mots en déplaçant la syllabe accentuée ; voir par exemple les travaux de Curtin *et al.* (2005), Mehler et Christophe, (1994), Mehler *et al.* (1988), Nazzi, Bertoncini et Mehler (1998). Il est extrêmement difficile pour un locuteur de déplacer la syllabe accentuée de sa langue maternelle, notamment pour les locuteurs anglophones ou hispanophones, l'anglais et espagnol étant des exemples de langues où l'accent tonique de mots est important (prononcer *reVOlución* à la place de *revoluCIÓN* est très difficile pour un locuteur hispanophone natif par exemple). Pour une langue comme le français, où l'accent tonique de mot est beaucoup moins marqué, il est plus facile de prononcer *Révolution*, *réVOlution* ou *révoLUtio*n. Mais en écoute, l'effet est encore plus impressionnant, car il s'observe chez des enfants dès l'âge de 5 ou 6 mois. Par exemple, si on présente une liste de mots non connus à des bébés de 6 mois, ces mots étant prononcés de façon correcte en majorité, mais certains étant prononcés avec un déplacement de l'accent tonique, on voit le bébé réagir physiquement : manifestement quelque chose ne va pas. Alors que les bébés de cet âge sont encore très loin de produire des mots dans leur langue maternelle, ils ont manifestement appris des caractéristiques phonologiques de leur langue, notamment quand celle-ci contient un accent tonique de mot non seulement marqué mais régulier (italien ou espagnol par exemple).

Avec la morphologie des mots on observe aussi ce phénomène, de façon étonnamment précoce là encore. Par exemple, Gombert (2002) a présenté à des enfants, de la grande section de maternelle jusqu'au CE2, des pseudo-mots (des mots qui n'existent pas dans la langue), mais ces pseudo-mots commençaient par une syllabe qui a le statut de préfixe dans la langue française (ressaver, déquotir, prédafer…) ou au contraire par une syllabe qui n'a pas le statut de préfixe (rassever, doquétir, pradefer…). Ces mots étaient présentés par paires (ressaver, rassever), chaque paire contenant deux mots différents entre eux (l'un préfixé, l'autre non). Douze paires de pseudo-mots étaient ainsi présentées. Les résultats montrent que dès la grande section de maternelle, les élèves trouvent que « celui qui ressemble le plus à un vrai mot » est majoritairement (8 fois sur 12 en moyenne) celui qui est préfixé. Pourtant, ils n'entendront parler de préfixe pour la première fois que 3 ou 4 ans plus tard. Ils ont appris de façon implicite une caractéristique morphologique de la langue, mais ne peuvent évidemment pas en parler tant qu'on ne leur a pas enseigné de façon explicite cet aspect de la langue.

Des travaux plus récents, moins répliqués, à propos des pleurs ou des cris des bébés, semblent montrer que de tels apprentissages pourraient commencer *in utero*. Mampe *et al.* (2009) ont enregistré, en France et en Allemagne, des cris de bébés âgés de trois jours. Ces pleurs sont différents. Le plus souvent, les bébés Français produisent des cris « descendants » (le volume sonore est plus haut au début) tandis que les bébés Allemands produisent des cris « ascendants » (le volume sonore est plus haut à la fin). L'environnement sonore intra-utérin, et particulièrement l'environnement phonologique, présente des régularités qui seraient apprises par les bébés avant leur naissance. Ce qui conduit Ullal-Gupta et ses collègues (2013) à écrire : « Le cerveau musical est façonné par son environnement sonore au cours du développement. L'expérience auditive ne commence pas à la naissance, mais au cours des mois qui précèdent la naissance. »

Enfin, les travaux sur les apprentissages implicites sont généralement associés à ceux sur l'apprentissage de grammaires artificielles (Reber, 1967). Typiquement, l'expérience consiste à générer des suites de lettres dépourvues de sens mais qui obéissent à un algorithme, c'est-à-dire à une règle qui permet de générer certaines suites de lettres. Par exemple, l'algorithme présenté dans la figure 1 permet de générer MTTV et VXVRXVT mais il ne permet pas de générer MXVT. On présente à des participants plusieurs suites de lettres générées par l'algorithme, puis on re-présente ces mêmes suites plusieurs fois.

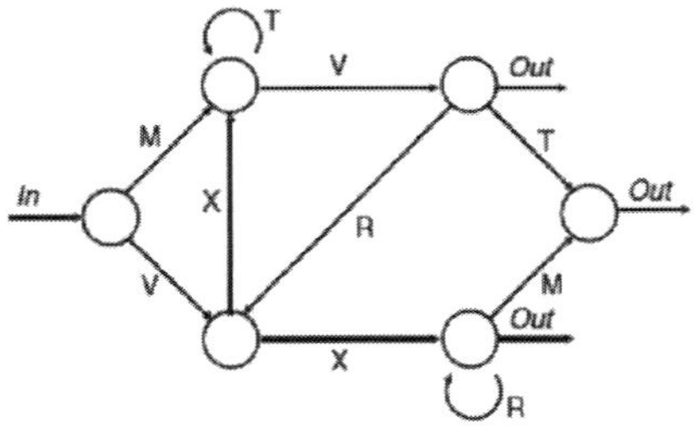

Figure 1. Exemple d'algorithme utilisé en grammaire artificielle

Au bout de quelques dizaines de minutes de lecture de ces suites de lettres sans signification, on présente de nouvelles suites de lettres, inédites. On demande aux participants s'ils considèrent comme faisant partie de l'ensemble des suites qu'on vient de leur présenter ou pas. Souvent les individus ne se trompent pas : ils disent correctement que telle suite inédite pourrait faire partie de l'ensemble (alors qu'elle a bien été générée par l'algorithme) ou que telle suite ne pourrait pas faire partie de l'ensemble (alors qu'elle n'a pas été générée par l'algorithme). Pourtant ces mêmes individus ne savent pas qu'ils ont appris et ils ne savent pas ce qu'ils ont appris. Ils ont une sorte d'intuition qui leur fait répondre correctement à la question, sans savoir ce qui les pousse à répondre oui ou non. Cette capacité à apprendre sans savoir que l'on apprend, ni ce que l'on apprend, est appelée « apprentissage implicite ».

Les expériences sur les grammaires artificielles ont été abondamment critiquées (notamment parce qu'elles paraissent bien peu réalistes), leur interprétation aussi (qu'est-ce que les participants apprennent vraiment, des règles abstraites, des régularités, ou simplement des exemples, autrement dit non pas des règles mais des occurrences ? Cf. la discussion de Perruchet, Vinter et Pacton, 2007).

En résumé, les humains sont capables, dans un certain nombre de domaines, de mettre en œuvre des processus d'appropriation implicites. Ces processus ont les caractéristiques suivantes : ils sont inconscients, involontaires (ou non délibérés), le résultat même de l'apprentissage est inconscient, il peut dans un second temps donner lieu à une prise de conscience (on peut transformer la connaissance implicite en une connaissance explicite). Le processus d'appropriation implicite désigne donc la capacité des humains à apprendre des pratiques qui contribuent à leur appartenance à un groupe humain, cet apprentissage étant réalisé de façon implicite, inconsciente. L'accent est typique de ce type d'apprentissage.

II. Comment fonctionne le processus d'automatisation ?

Le processus d'automatisation est radicalement différent. Par exemple, Binet (1894) a étudié les cas d'Inaudi et Diamanti, deux grands calculateurs. Il a comparé leurs performances à celles de trois caissiers du Grand Marché. Les multiplications donnent des résultats intéressants. À la question « combien font 638 x 823 ? » les deux grands calculateurs trouvent la réponse en, respectivement, 6,4" et 56", contre 4" et 12" pour les deux caissiers. À la question « combien font 5 286 x 5 397 ? » les deux grands calculateurs trouvent la réponse en, respectivement, 2 min. 7" et 21". Cet exemple illustre la puissance du processus d'automatisation : quel que soit le domaine, le meilleur prédicteur de la performance, y compris celle de haut niveau, est le temps passé à mettre en œuvre la pratique correspondante. Malgré leur don ou leurs capacités extraordinaires, les calculateurs ont bien du mal à dépasser les caissiers qui pratiquent le calcul mental tous les jours et plusieurs heures par jour. Lors des entretiens que Binet a conduit avec les trois caissiers, ceux-ci lui ont rapporté qu'il leur avait fallu 10 ans de pratique pour arriver à ce niveau. Depuis les années 1990, en psychologie de l'expertise (Ericsson, 1996), on sait que ces

10 ans de pratique quotidienne et intensive, ou 10 000 heures, sont nécessaires et suffisantes à l'atteinte d'un haut niveau performance, quel que soit le domaine.

Un autre exemple nous est proposé par Raufaste, Eyrolle et Mariné (1998), qui se sont intéressés à une tâche de diagnostic radiologique très difficile. Celle-ci consiste à examiner une radio qui présente deux lésions dont une est habituellement caractéristique d'une pathologie fréquente. Or, ce n'est pas cette pathologie qui est en cause dans ce cas précis, à cause de la 2e lésion. Les chercheurs comparent des internes en début ou en fin d'internat, des radiologues expérimentés (au moins 6 ans d'expérience professionnelle après l'internat) et des radiologues experts, universitaires, reconnus par leurs pairs comme étant les plus compétents. Le résultat obtenu est tout à fait impressionnant puisque les performances chutent entre les étudiants en fin d'internat et les radiologues expérimentés pour ce diagnostic « piégeant ». De plus, un taux de précision a été calculé, correspondant au rapport entre le nombre de diagnostics corrects et le nombre de diagnostics envisagés, autrement dit le nombre d'hypothèses envisagées par les radiologues. Contrairement aux experts, les radiologues expérimentés, face à ce type de cas, font des erreurs parce qu'ils n'envisagent pas d'hypothèses alternatives. Ils vont directement au diagnostic le plus évident et n'envisagent pas que cela puisse être autre chose. Ce qui fait l'expertise, c'est peut-être la capacité d'étudier plusieurs hypothèses, y compris les moins évidentes, avant de faire le diagnostic. Autrement dit, les experts exerceraient une sorte de contrôle sur leur propre activité de diagnostic qui les conduirait à envisager des alternatives avant de poser le diagnostic. Les radiologues expérimentés, avec leur piètre performance et le faible nombre d'hypothèses qu'ils produisent, illustrent bien une caractéristique du processus d'automatisation : il produit une performance intéressante quand la tâche est régulière. Quand cette dernière ne l'est pas, l'automatisation peut fonctionner comme un piège.

Myles-Worsley, Johnston et Simons (1988) ont proposé à des radiologues une tâche de reconnaissance. Ils présentent 20 diapositives de poumons sains mélangées, de façon aléatoire, avec 20 diapositives de poumons atteints d'une lésion. Le temps de présentation de chaque diapositive est de 500 millisecondes (*i.e.* en dessous du seuil de la conscience). Ces diapositives sont ensuite combinées avec 40 nouvelles diapositives répétant la même distribution (20 diapositives de poumons sains, 20 de poumons atteints d'une lésion). L'expérience est réalisée avec quatre groupes de participants : des étudiants en premier cycle de médecine, des internes en première année de radiologie, de jeunes praticiens hospitaliers et des radiologues expérimentés. La tâche des participants est de dire si la diapositive qui leur est présentée fait partie du premier ensemble proposé (« vous la reconnaissez ») ou du second (« vous ne la reconnaissez pas »). Une tâche contrôle porte sur la reconnaissance des visages, dans les mêmes conditions. Les performances sont mesurées en termes de taux de reconnaissance correcte. Les résultats montrent que plus les participants sont experts, meilleure est leur performance… mais uniquement pour les radios porteuses d'une lésion. Pour les radios de poumons sains en revanche, il y a une augmentation de la performance en reconnaissance au cours des études, mais, quand les individus sont devenus des professionnels (jeunes praticiens hospitaliers puis expérimentés), les performances chutent. Si ce résultat est interprété en termes de théorie de l'information, il est possible de dire qu'une radio de poumons sains représente, pour les experts, du bruit : elle ne porte pas de signification, cette information n'est pas nécessaire à traiter. Pour la perception des visages (condition contrôle), il n'existe pas de différence significative entre les quatre groupes. Cette expérience semble bien montrer que les experts développent une compétence dans un domaine perceptif (ils perçoivent plus vite, mieux, etc.), mais seulement sur un type d'information, ici les lésions de poumons. Ils ne développent donc pas une capacité perceptive générale ; ils sont meilleurs dans la détection de l'information pertinente dans leur domaine d'expertise. Ils s'adaptent à leur environnement professionnel, aux informations qu'ils y perçoivent, aux tâches qu'ils y réalisent. C'est une autre caractéristique du processus d'automatisation : il ne concernerait que des savoir-faire spécifiques à la tâche.

Le niveau de performance en reconnaissance des radiologies, acquis par automatisation, correspond à celui en reconnaissance des visages, acquis par appropriation implicite (on n'apprend pas la reconnaissance de visage de façon explicite et on ne sait pas quelles connaissances on met en œuvre quand on reconnaît un visage). D'autres études ont montré que l'activité de détection de la lésion dure généralement 400 ms, elle est donc perceptive et non contrôlée (la lésion « saute aux yeux » du médecin). L'automatisation produit une compétence qui échappe en partie au contrôle de celui qui la met en œuvre.

Voici enfin une expérience que je vous propose de réaliser vous-même. Sans regarder votre clavier d'ordinateur, essayez de vous rappeler des lettres qui se trouvent sur la première ligne en bas du clavier. La première est un W, quelles sont les cinq autres ? Cette tâche est extrêmement difficile, alors que vous utilisez votre clavier tous les jours et que vous connaissez probablement par cœur la position de chacune de lettres... mais pour une tâche de saisie, pas pour une tâche de rappel à l'oral. Vous avez ce clavier sous les yeux chaque jour et pourtant vous n'avez pas photographié celui-ci, vous n'avez pas mémorisé son image. Comme indiqué ci-dessus, une caractéristique importante de l'automatisation est que le savoir-faire appris dépend strictement de la tâche (voir la synthèse de Tricot et Sweller, 2014).

Cet aspect me semble tout à fait fondamental : dans le domaine technologique, on n'apprend pas un outil, on apprend à utiliser un outil pour réaliser une tâche, et c'est la réalisation de cette tâche qui est automatisée, si cette dernière est mise en œuvre fréquemment. Alors que dans les cas que j'ai évoqués plus haut à propos du processus d'appropriation du langage par exemple, ou en reconnaissance des visages, l'apprentissage réalisé est beaucoup moins dépendant de la tâche, il présente un certain degré de généralisation. Dans les langues à accent de mot régulier, les enfants n'ont pas besoin de connaître préalablement un mot pour savoir où celui-ci sera accentué. La difficulté à prononcer des mots en déplaçant l'accent tonique est même observée quand on demande à des locuteurs hispanophones de prononcer des pseudo-mots (comme *fidape*). C'est là que réside l'erreur de Prensky : il confond (a) l'apprentissage de l'accent, fondé sur un processus d'appropriation implicite, qui est inconscient et qui peut donner lieu à généralisation, et (b) l'apprentissage de l'utilisation d'un outil, qui relève de l'automatisation, qui est donc délibéré, fondé sur la pratique répétée et dépendant de la tâche réalisée. Au passage il confond aussi un apprentissage sensible à l'âge, avec l'existence de périodes critiques (l'appropriation implicite) et l'autre qui n'est pas ou très peu sensible à l'âge (l'automatisation).

III. Synthèse : points communs et différences entre les deux processus d'affiliation

Le processus d'appropriation implicite correspond à la détection inconsciente et involontaire de régularités dans notre environnement. Ce processus est passif (on apprend sans rien faire, par exemple les caractéristiques phonologiques de notre langue maternelle) ou actif (on apprend en faisant quelque chose), à travers des activités d'exploration de l'environnement, de relations sociales et de jeux. Ce processus d'apprentissage est particulièrement à l'œuvre avec les connaissances primaires, *i.e.* celles qui sont utilisées par *homo sapiens* depuis plus de 100 000 ans (comme le langage oral ou la reconnaissance des visages).

Le processus d'automatisation correspond à la transformation d'une pratique contrôlée sous l'effet de la fréquence. Ce processus est actif, délibéré, coûteux en temps et en attention, peu généralisable. À terme, le résultat peut devenir (partiellement) implicite : on ne sait plus dire ce que l'on sait faire. Ce processus d'apprentissage est particulièrement à l'œuvre à l'œuvre avec les connaissances secondaires, *i.e.* celles apparues récemment chez *homo sapiens*.

L'appropriation implicite et l'automatisation sont deux processus d'apprentissage dont les résultats (les connaissances apprises) présentent six caractéristiques communes : la connaissance apprise est irrépressible (on ne contrôle pas ou peu sa mobilisation), elle est peu coûteuse à mobiliser, elle ne nécessite pas d'être attentif (du coup on peut faire autre chose en même temps), elle est mise en œuvre rapidement, elle est peu sensible aux « détails » inhabituels et il est possible d'apprendre *a posteriori* à mettre en doute, à critiquer le résultat de la mise en œuvre de ce type de connaissance (on peut, dans une certaine mesure, reprendre le contrôle).

IV. L'affiliation dans le domaine des technologies de l'information et de la communication

L'évolution des techniques puis des technologies inventées par les humains pour conserver des connaissances et les échanger peut être résumée de façon très succincte comme dans la figure 2. L'évolution des apprentissages concernant la mise en œuvre de ces techniques et de ces technologies chez l'enfant peut être résumée de façon très succincte comme dans la figure 3. Je fais l'hypothèse générale que l'appropriation implicite fonctionne particulièrement pour les premiers apprentissages, tandis que l'automatisation fonctionnerait pour les apprentissages plus tardifs, avec une zone de recouvrement entre les deux.

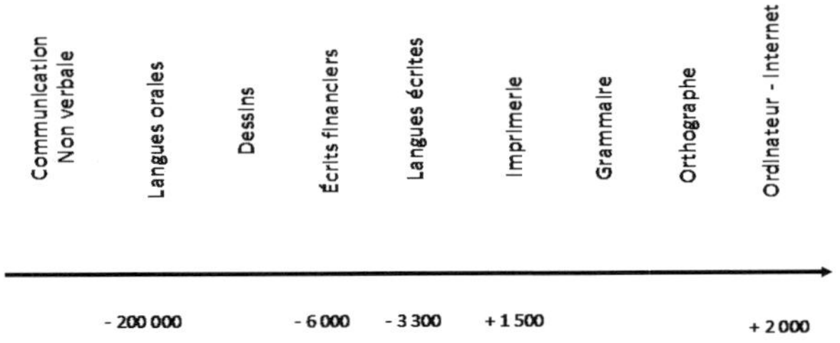

Figure 2. Quelques étapes dans l'évolution des TIC (Tricot, 2005)

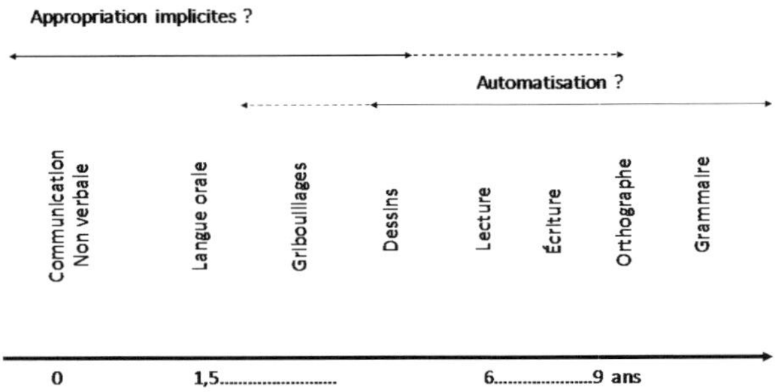

Figure 3. Quelques étapes de l'apprentissage de l'utilisation des TIC (Tricot, 2005)

Les processus d'affiliation dans le domaine des littératies numériques relèveraient donc, selon mon hypothèse, beaucoup plus de l'automatisation que de l'appropriation implicite. En tant que tels, ces processus pourraient présenter les caractéristiques suivantes :

– ce sont des pratiques que l'on a apprises par la pratique et par échange avec autrui, elles ont donc au cour de leur apprentissage un caractère délibéré et explicite ;

– quand elles sont mises en œuvre fréquemment, on les perfectionne : on devient plus efficace avec la fréquence ;

– ces pratiques deviennent subjectivement si peu coûteuses, si rapides, si souvent fiables, qu'elles vont de soi ;

– elles peuvent devenir (partiellement) implicites : après quelques années on peut très bien faire quelque chose sans savoir le décrire, ni l'expliquer. On peut devenir expert dans l'utilisation d'un outil numérique tout en étant incapable d'expliquer à autrui comment faire ;

– elles sont développées dans une niche, *i.e.* dans un certain type de lieu, pour réaliser un certain type de tâche avec un certain type d'outil et un certain type d'information (Pirolli, 2007). C'est le plus souvent un changement de niche qui les met en cause ;

– un changement de niche peut sembler subjectivement et socialement très coûteux, si bien que certaines pratiques avec certains outils (saisir un texte avec un clavier AZERTY par exemple) sont pérennes alors qu'elles sont très peu efficaces. Ce phénomène est connu dans la littérature sous le nom de *user paradox* ;

– ces pratiques sont très souvent spécifiques à la tâche. On n'apprend pas à utiliser un outil numérique mais à réaliser une tâche avec lui.

Bibliographie

Binet Alfred, *Psychologie des grands calculateurs et joueurs d'échecs,* Paris, Hachette, 1894.

Coulon Alain, « Penser, classer et catégoriser : l'efficacité de l'enseignement de méthodologie documentaire à l'université », *Espace universitaire*, n° 15, 1996, p. 36-39.

Curtin Suzanne, Toben H. Mintz, et Morten H. Christiansen, « Stress changes the representational landscape : Evidence from word segmentation », *Cognition*, vol. 96, n° 3, 2005, p. 233-262.

Ericsson K. Anders, *The road to excellence : The acquisition of expert performance in the arts and sciences, sports, and games*, Mahwah, Erlbaum, 1996.

Gombert Jean Émile, « La problématique de la formation autour du principe alphabétique », La formation à l'apprentissage de la lecture, *Actes des Journées de l'ONL*, Rennes, 2002, p. 13-26.

Mampe Birgit, Friederici Angela D., Christophe Anne, *et al.* « Newborns'cry melody is shaped by their native language », *Current biology*, vol. 19, n° 23, 2009, p. 1994-1997.

Mehler Jacques et Anne Christophe, « Language in the infant's mind », *Philosophical Transactions of the Royal Society of London B : Biological Sciences*, vol. 346, n° 1315, 1994, p. 13-20.

Mehler Jacques, Jusczyk Peter, Lambertz Guylaine *et al.*, « A precursor of language acquisition in young infants », *Psycholinguistics : Critical concepts in psychology*, vol. 4, 2002, p. 25.

Myles-Worsley Marina, William A. Johnston et Margaret A. Simons, « The influence of expertise on X-ray image processing », *Journal of Experimental Psychology : Learning, Memory, and Cognition*, vol. 14, n° 3, 1988, p. 553-557.

Nazzi Thierry, Josiane Bertoncini, et Jacques Mehler, « Language discrimination by newborns : toward an understanding of the role of rhythm », *Journal of Experimental Psychology : Human perception and performance*, vol. 24, n° 3, 1998, p. 756-766.

Perruchet Pierre, Annie Vinter et Sébastien Pacton, « La conscience auto-organisatrice : Une alternative au modèle dominant de la psychologie cognitive », *Education & didactique*; vol. 1, n° 3, 2007, p. 105-116.

Pirolli Peter, *Information foraging theory : Adaptive interaction with information*, Oxford, Oxford University Press, 2007.

Prensky Marc, « Digital natives, digital immigrants part 1 », *On the horizon* vol. 9, n° 5, 2001, p. 1-6.

Raufaste Eric, Hélène Eyrolle, et Claudette Mariné, « Pertinence generation in radiological diagnosis : Spreading activation and the nature of expertise » *Cognitive Science*, vol. 22, n° 4, 1998, p. 517-546.

Reber Arthur S., « Implicit learning of artificial grammars », *Journal of verbal learning and verbal behavior*, vol. 6, n° 6, 1967, p. 855-863.

Tricot André, « Le statut de l'oral et de l'écrit dans notre système scolaire ». *ANAE*, Toulouse, 9 mars 2005.

Tricot André, et John Sweller, « Domain-specific knowledge and why teaching generic skills does not work » *Educational Psychology Review*, vol. 26, n° 2, 2014, p. 265-283.

Ullal Sangeeta *et al.*, « Linking prenatal experience to the emerging musical mind », *Frontiers in systems neuroscience*, vol. 7, 2013, article 48.

II

Approcher le processus d'affiliation professionnelle dans un contexte de numérisation d'une organisation : le travail de l'écrit avec un système d'information médical

par Sylvie Grosjean et Anne Mayère

Introduction

Dans toute organisation, il n'est pas rare de voir des employés prendre des notes, faire des calculs, noter des instructions, entrer des données dans un formulaire en ligne. Et avec l'informatisation des organisations, les pratiques d'écriture ont subi des transformations (Jeanneret et Tardy, 2011 ; Greenan *et al.*, 2010). Elles ont naturellement fait l'objet d'analyses (Gardère et Le Moenne, 2015), l'enjeu étant alors de saisir ce que l'informatisation change dans le travail et dans sa communication. Par ailleurs, loin de n'être que des supports à la diffusion d'informations, ces diverses formes d'écritures ont été analysées comme des dispositifs matériels participant directement à la production de connaissances au sein de collectifs de travail (Latour, 1989 ; Wenger, 2005). Il est important de souligner que de nombreux chercheurs ont étudié avant nous le rôle de diverses formes d'écrits dans les organisations (Bazerman, 1988 ; Delcambre et Matusak, 2016 ; Berg, 1996), soulignant le fait qu'ils supportent la coordination des actions, accompagnent la prise de décision collective, structurent les échanges, produisent de l'organisé. De plus, certaines pratiques d'écriture, de par leur ancrage dans l'histoire d'une organisation, sont des « façons de faire et d'agir » d'une communauté de professionnels qui régulent l'activité, qui dirigent l'action (Grosjean *et al.*, 2011). Malgré ces travaux, une question se pose néanmoins, notamment dans un contexte de numérisation des organisations : En quoi ces pratiques d'écriture réalisées en contexte de numérisation des organisations soutiennent-elles le processus d'affiliation professionnelle ? En répondant à cette question, notre objectif est double : d'une part, (1) montrer comment certains écrits professionnels peuvent être vus comme une forme de « savoir-écrire » définissant la façon dont les membres d'une organisation doivent réaliser leur travail et d'autre part ; (2) identifier les moyens mobilisés afin de soutenir le passage d'un écrit réalisé dans une situation professionnelle à un « écrit professionnel » soutenant le processus d'affiliation professionnelle.

Nous nous proposons donc dans ce chapitre d'interroger les pratiques d'écriture dans un contexte de numérisation d'une organisation de santé. Les professionnels de ce secteur évoluent dans un monde peuplé d'écrits qu'ils soient numériques ou non. Les infrastructures informationnelles au cœur des organisations de santé sont pour une large part des infrastructures scripturales composées de documents papiers ou numériques, de formulaires, de notes manuscrites. Et comme, Denis (2011 ; 2015) et Delcambre (2016) nous invitent à le faire, nous nous proposons de passer d'une « analyse de l'écrit » au travail à une analyse du « travail de l'écrit » afin de révéler les opérations concrètes et les compétences, savoir-faire sur lesquels reposent ce travail d'équipement de l'infrastructure informationnelle qui composent et fondent les organisations de santé.

I. LE PROCESSUS D'AFFILIATION PROFESSIONNELLE ET LE TRAVAIL DE L'ÉCRIT EN ORGANISATION

1. *Suivre le processus d'affiliation professionnelle via la communication*

Le concept d'affiliation a fait l'objet de nombreux travaux en sociologie, éducation, psychologie et dans son sens usuel il réfère à l'appartenance d'un sujet à un groupe, une communauté. Pour Ogien (1985), la notion d'affiliation désigne un processus qui organise les échanges entre acteurs en construisant des règles qui vont gouverner cette organisation et en même temps l'affiliation établit entre les individus un sentiment de compréhension partagée. Plus spécifiquement, le concept d'affiliation permet de rendre compte de la nature processuelle d'un accompagnement organisationnel qui contribue à partager certaines formes d'apprentissage et à soutenir l'engagement des professionnels concernés dans un réseau, une communauté (Bourdeloie, 2013). Afin de bien comprendre un tel processus, il faut au chercheur décrire les « mondes locaux » au sein desquels se construisent des relations sociales et des apprentissages (Bezille, 2010).

Pour saisir ce processus d'affiliation, nous nous inscrirons dans le prolongement de travaux menés en communication organisationnelle et rassemblés sous le terme « Communicative Constitution of Organization[1] » (CCO). L'objectif est de comprendre comment une organisation se constitue, évolue, se transforme, négocie des pratiques ; ceci en se positionnant au cœur de l'action, de l'interaction (Grosjean, 2013). L'idée est de montrer en quoi les effets organisant sont le résultat d'une co-production en situation (Cooren et Robichaud, 2011, p. 141) ; co-production impliquant des humains et des non humains.

2. *Le travail de l'écrit en organisation*

« La montée de l'écrit » dans les organisations (Borzeix et Fraenkel, 2001) a suivi le développement des démarches dites « Qualité » au cours des années 1980. Les organisations se sont donc vues imposées des normes (pensons aux normes ISO) qui introduisent une nouvelle injonction en faveur de l'écriture (une forme d'écriture normée, appelant au recours de formats-types tels les rapports d'activités, rapports d'incidents) et à des règles de validation de ces écrits (Cochoy *et al.*, 1998). L'introduction et la mise en œuvre des démarches de qualité ont contraint les organisations à mettre en place des dispositifs d'écriture pour décrire et analyser les pratiques, repérer les problèmes, formuler des solutions puis élaborer des prescriptions. À cette fin, chaque étape du processus de fabrication livre des écrits qui forment un univers documentaire rationnel quasi-bureaucratique (notes, bordereaux signés et archivés, etc.). Alors que pendant le taylorisme les pratiques d'écriture étaient réservées aux ingénieurs et membres du bureau des

1. En français, on pourrait traduire par « Constitution Communicationnelle de l'Organisation » (CCO).

méthodes, désormais, tous les agents sont amenés à lire, écrire, cocher, transmettre. De nouvelles compétences sont donc requises (Boutet, 1993), des compétences communicationnelles qui relevaient précédemment des caractéristiques des « lettrés », mais que la rationalisation du travail d'écriture et ses équipements informatisés ont recomposées en délimitant les formats d'écriture et leurs enchainements (Mayère, 2010). Tout texte qu'il soit un document de travail (tel une procédure interne définissant des règles de fonctionnement) ou un dossier informatisé sur lequel un gestionnaire clinique prend des notes révèle l'activité en cours et structure l'organisation du travail ; le tout étant inséparable des échanges qui ont lieu au cours de cette même activité. Ainsi, les pratiques d'écriture en organisation participent pleinement de l'activité de travail (Delcambre, 2016 ; Denis et Pontille, 2012).

Par conséquent, en prenant un tel positionnement ce n'est pas l'écrit au travail qui nous intéresse mais ce que Denis et Pontille (2014) nomment le travail de l'écrit, « c'est-à-dire les opérations d'écriture qui [...] s'inscrivent dans la réalisation même des tâches professionnelles » (p. 84). Dans notre cas (nous le verrons plus loin), ce sont les pratiques d'écriture initiées dans un environnement numérique sur lesquelles nous allons porter notre attention. Ces écrits produits en situation sont des objets scripturaux hybrides (Denis et Pontille, 2014) : ils sont normés et s'inscrivent dans des pratiques reconnues et soutenues par l'organisation ; mais ils sont aussi façonnés au fil des interactions et appartiennent aux collectifs de professionnels. Ce travail de l'écrit peut être vu comme une activité négociée, mais aussi une activité médiée par un ou des acteurs « autorisés » qui vont se faire les médiateurs de pratiques reconnues par les membres de la communauté professionnelle. Outre le fait qu'à travers les processus interactionnels se constitue une « façon d'écrire », une norme d'écriture sur laquelle s'appuient les pratiques d'écriture, il est aussi possible de voir comment s'accomplissent des rôles, notamment des rôles de « relais prescriptif » assumés par certains acteurs organisationnels (Grosjean, 2013).

Dans ce contexte, plusieurs questions se posent : Comment ces pratiques d'écriture participent-elles à la constitution de formes d'affiliation particulières ? Comment ces pratiques d'écriture dans un contexte de numérisation des organisations de santé, reconfigurent-elles les affiliations professionnelles ? Pour répondre à ces questions nous allons nous appuyer sur une recherche ethnographique menée au sein d'un hôpital.

II. Méthodologie et cas à l'étude : une recherche ethnographique au sein d'un hôpital

1. *Ethnographie dans un hôpital : Méthodes et données produites*

Cette recherche repose sur une étude de cas longitudinale (menée de 2008 à 2013) au cours de laquelle une démarche ethnographique, relevant de l'ethnographie organisationnelle, a été privilégiée (Ybema *et al.*, 2009). Le terrain d'étude avait fait l'objet d'une précédente recherche sur les déclarations d'événements indésirables (Bazet *et al.*, 2008 ; Groleau et Mayère, 2009). Au cours de cette recherche avait été initiée une démarche réflexive associant des interlocuteurs dans l'organisation, au niveau de l'encadrement, avec également une démarche visant à présenter les résultats à l'ensemble du personnel. Lorsque nous avons signifié notre intérêt à l'annonce du déploiement de l'ERP, il a été convenu que nous réaliserions « l'étude d'impact », ce qui, compte tenu de l'apprentissage réciproque d'ores et déjà engagé, désignait une approche compréhensive des activités avec le nouvel équipement.

Des réunions ont été organisées tous les six mois pour rendre compte de nos analyses et de l'évolution de notre questionnement. Nous avons ainsi pu mettre à l'épreuve de professionnels du terrain nos analyses, ce qui a de façon itérative amené à questionner des éléments progressivement « dépliés », ré-envisagés, telles les strates successives et combinées des applications informatiques, ou les diverses réglementations et injonctions des tutelles et leur équipement. De plus, la présence prolongée au sein de cette organisation a permis d'obtenir des informations précieuses reposant à la fois sur l'analyse de documents (cahier des charges informatique, manuel d'utilisateur de l'application, supports de formation à l'application) ; des entrevues (17) principalement avec la direction des soins et le chef de projet informatisation, le service informatique et les cadres infirmiers ; et enfin des observations sur site dans les trois services (150 heures) qui ont été filmées en vidéo sur la dernière période (40 heures). S'ajoute à ces observations sur site, celle des séances de formation au logiciel.

2. *Un regard porté sur trois moments clés*

Nous allons prendre le temps de présenter les moments d'interaction qui vont supporter notre analyse. Deux premiers moments-clé sont issus de notes d'observation prises dans la salle de soins et dans les couloirs de deux services : (1) un service de chirurgie, et (2) un service d'hospitalisation de semaine, respectivement en février et en octobre 2010. Le déploiement des applications informatisées de prescriptions, planification et traçage des soins avait eu lieu entre 12 et 18 mois auparavant; les personnels avaient dépassé la première phase de découverte pour aborder un mode plus routinier d'intégration de ces nouveaux outils dans leurs pratiques. Au cours de l'année 2010, des observations ont été menées en alternance dans ces deux services en février, mars, avril, juin, juillet et octobre.

Cette présence d'observateurs était connue d'une partie des infirmiers et aides-soignants. Le fait d'être introduit par le cadre de service n'était pas sans susciter des inquiétudes sur notre rôle potentiel de contrôleur, ce que nous travaillions à atténuer en explicitant notre statut d'universitaire, notre questionnement de « sociologue » indépendant et notre engagement de confidentialité. La forte rotation des personnels, la fréquente présence de stagiaires faisait aussi que cette présence d'une personne sans blouse dans la salle de soins, équipée d'un carnet et d'un crayon, soulevait des interrogations, non nécessairement formulées.

> L'infirmier venu de l'autre service s'assied devant l'ordinateur dans l'angle de droite. Je suis dans son champ visuel. Il s'adresse à moi : « on s'occupe de vous Madame? », je réponds que oui, pas de problème. Emmanuelle (IDE) pouffe en disant : « le comique de répétition, j'adore ».
> En fait, il est le premier à s'adresser directement à moi, après Maïté (AS) en présence d'Emmanuelle (IDE), plus tôt dans la matinée. Les autres demandaient à Emmanuelle, qui m'en fait part en plaisantant, en disant : « si je demandais des sous chaque fois qu'on me demande ce que vous faites, je serai déjà riche ». Plus tard elle dira : ce week-end je vais faire la sociologue qui prend des notes sans rien dire, ça doit être bien rigolo. » (CR d'observation, 28/10/2010, p. 661-669).

Lorsque la situation s'y prêtait, des questions pouvaient être posées par le chercheur pour demander de verbaliser le travail en cours ou d'expliciter des éléments d'échange récents. Une autre possibilité, celle de l'auto-confrontation décalée dans le temps, n'a pas été mobilisée compte tenu du caractère hautement évolutif des situations et des contraintes de rythmes de travail; également pour ne pas alerter sur ce que nous étions susceptibles de noter.

Le compte rendu d'observation du 23/02/2010 dans le service de chirurgie comporte 11 pages pour une observation menée de 7 h 45 à 12 heures et de 13 h 50 à 15 heures. L'extrait retenu intervient à 11 h 20, en salle de soins. Une aide-soignante explicite l'écrit principal qui organise l'activité du groupe des aides-soignants du service.

> Martha prend le planning des blocs, le planning opératoire de la semaine.
> Elle dit : « les malades rentrent l'après-midi, s'il y a besoin d'un examen supplémentaire, alors l'entrée est le matin ».
> Dans le cahier, elle met la date, elle met en rouge chambre n° X, le nom du patient, le type de chirurgie, et l'heure du bloc, « c'est très important » (elle le met aussi en rouge, en entourant).
> « On stabilotte ce qui est de notre service » (ce qu'elles auront pu faire pour avancer le travail).
> Elle recopie la feuille de programmation du bloc opératoire, elle souligne les noms.
> À propos de la présentation : « c'est chacun sa façon de faire ».
> « Ce cahier on le laisse sur l'étagère » (vers les feuilles pré-imprimées aide-mémoire des infirmières).
> « C'est l'AS de cet après-midi qui va se servir du cahier. Quand il y a une entrée, c'est elle qui la dirige vers sa chambre. Pour une chirurgie, cela permet la préparation pour l'épilation. On donne aussi le haricot avec le produit pour les douches du matin. On l'informe pour l'heure de bloc. On lui propose la venue de l'esthéticienne et de la sophrologue.
> On remplit au fur et à mesure, on ajoute le poids, la taille (dans le cahier). Quand le patient est épilé, on met une croix. L'AS (du service suivant) saura que tout est fait.
> L'important c'est l'heure du bloc. Il faut commencer par la première. Les horaires peuvent changer, alors on vérifie. On en informe le patient. Sur le tableau, il y a différentes couleurs par médecin. On a notre bréviaire. On sait, c'est plus clair, car on sait d'emblée.
> Le cahier on le ferme.
> On le signale aux infirmières.
> Bon là je vous ai tout dit ». (CR observation 23/02/2010 ; p. 422-443).

Le compte rendu d'observation du 18/10/2010 dans le service d'hospitalisation de semaine comporte 16 pages pour une observation menée de 8 h 30 à 12 h 20 et de 13 h 45 à 17 h 30. L'extrait retenu donne à voir une aide-soignante installée devant un poste informatique. Cette situation est assez peu fréquente, au sens où les principaux utilisateurs des postes informatisés sont les médecins internes et les infirmiers. Il est possible de voir un-e aide soignant-e devant un poste informatisé usuellement en fin de service. Ce jour-là, il est environ 11 h 30 ; comme l'expliquera l'AS dans les verbalisations, le travail du groupe d'aides-soignantes est assez avancé ce matin-là pour que l'une d'elles se connecte dès ce moment-là pour rendre compte du travail effectué. Nos observations concernant les usages des postes informatisés par les aides-soignants font ressortir comme écrits d'écran cette activité principale consistant à tracer les activités réalisées. Deux autres activités ont été observées, qui semblait plutôt être le fait d'aides-soignants confirmés, à la frontière du domaine d'autorité et d'auteurité des soignants : d'une part l'intervention sur la feuille de synthèse développée au sein du service d'hospitalisation donnant à voir l'état des patients et les principaux traitements et questions les concernant ; d'autre part la consultation ponctuelle de dossiers patients compte tenu de questions particulières suscitées par leur évolution.

Une AS à une autre : t'as pris le papier pour marquer les poids ?
La seconde cherche un chariot pour poser les balances : les chariots sont tous utilisés, il en manque un.
Dans le coin des ordinateurs, une interne est assise dans l'angle (sur l'ordinateur qu'utilisent souvent les internes) ; Maïté, une aide-soignante, est sur l'autre (à gauche, face au mur avec planning).
Je lui demande ce qu'elle fait.
« J'encode les toilettes, les massages, les installations repas ;
On fait comme ça sinon on a des oublis ;
Finalement, on préfère faire comme ça ;
On a essayé différentes façons. »
Elle me montre comment elle fait : « Là c'est moi (qui l'ai fait) avec une collègue infirmière. ». Elle note systématiquement par qui ou avec qui les tâches ont été effectuées ; elle se réfère pour cela à une feuille papier avec une case par chambre, qui est cochée à grands traits.
« Il y en a une qui encode par côté » (par couloir)
« Cela permet de vérifier ce qui a été planifié » (par exemple, les toilettes à faire).
Moi : Qui est-ce qui planifie ?
Babé : « ces soins sont planifiés par les infirmières et par les AS, tout le monde, c'est un travail d'équipe ».
Je lui demande pourquoi ce souci de mettre les noms sur qui a fait quoi :

« Mettre les noms c'est important parce que si c'est toujours la même qui encode… ».
Elle me montre en faisant :
« Par exemple là j'ajoute « aider à alimenter ».
« J'exécute tout de suite » (exécuter au sens de cocher sur l'application informatique pour attester de la réalisation alors que le repas n'a pas encore eu lieu), « on fait trop de soins », (sous-entendu, si on ne fait pas comme ça, on ne s'en sort pas).
C'est aussi ce qu'elle dit sur la raison de grouper la saisie, on ne peut le faire en même temps que l'activité est menée, on est sollicité sans arrêt.
« Là on indique : 'fait par sa compagne'» ; elle explique que c'est important que cela figure, pour qu'on n'oublie pas que cette tâche doit être effectuée.
Je lui demande combien de temps prennent ces écrits informatisés : « je prends 20 minutes, pendant ce temps elles sont 3 ».
Chaque fois qu'elle ouvre un item à saisir, apparaissent dans l'écran différentes cases dont une case « informations générales » qui permettrait une saisie libre. Figure chaque fois dans cette case « Rien à montrer ». Je lui demande ce que cela veut dire, elle me dit : « je ne l'avais même pas remarqué ».
Je l'interroge sur les mesures de poids.
« On les fait le lundi et le jeudi ».
Je remarque qu'elle ne les saisit pas, elle me dit que non, qu'elles le font ensuite : « il faut plusieurs clics pour les poids ».
Elle me dit : « on est 4 (aujourd'hui), souvent là on est 3, et il y a beaucoup de soins pour les infirmières. »
Je lui demande si c'est toujours les mêmes qui saisissent en général :
« On est 2 ou 3 à le faire souvent. Ça me dérange pas de le faire. Au début, ça posait problème, chacun se ruait sur l'ordi (pour marquer ce qu'il avait fait), c'est l'impression sinon qu'on travaille pas. Alors on a trouvé ça ».
Je lui demande si les AS ont à saisir des codes SIPS[2].
« Non, c'est les infirmiers »
Je l'interroge sur ce à quoi lui sert son papier dans la poche :
Maïté : « je sais, normalement on devrait pas en avoir, mais on est sollicité de partout ». (CR observation 18.10.2010 ; p. 288-347)

---

2. Codification des activités soignantes visant à mesurer le travail effectué selon une typologie et une cotation d'actes pré-établies, pour le management du travail infirmier dans l'établissement.

Un troisième moment clé résulte d'une observation menée le 5 février 2013. Au fil des observations, analyses et confrontation de ces résultats aux professionnels (Marrast, 2015), nous avons évolué dans notre approche. Une meilleure compréhension de ce qu'il en était des applications informatisées et de leurs mises en pratique nous a permis d'élargir, de recomposer le regard en étant encore plus attentifs à l'écologie d'ensemble des artefacts et des pratiques. En reconsidérant les ordinateurs et les écrits d'écran du point de vue des pratiques soignantes, nous avons constaté qu'ils occupaient une place conséquente certes mais ni totalement centrale ni surtout exclusive ; ils s'avéraient plutôt articulés, entrelacés, avec tout un ensemble d'autres activités de dire, lire, écouter, écrire, inter-agir. Nous avons retenu d'observer des moments-clé de mise en œuvre du travail autour des écrits ; ainsi avons-nous opéré des focales particulières sur ce qui était effectué lors des entrées et sorties de patients. Au fil de cette acculturation mutuelle, au cours de laquelle nous avons vu certains de nos interlocuteurs se saisir de nos catégories d'analyse, nous avons également pu faire évoluer nos modalités d'observation, en introduisant, progressivement, des enregistreurs audio, des appareils photos, et des caméras, mobilisés en situation selon ce qui s'avérait acceptable et possible.

Le troisième matériau est ainsi constitué d'une vidéo enregistrée dans la salle de soins. Deux infirmières travaillent sur la même banque, à proximité d'un ordinateur et d'imprimantes. La première, IDE 1, est une « ancienne » d'environ 25 ou 26 ans qui connaît le service ; la seconde, IDE 2, vient d'arriver dans le service et est initiée par la première à la préparation de l'entrée d'un patient.

Les deux infirmières collent des étiquettes avec codes-barres sur des fiches rouges.
1-IDE 1 : [*se tourne en direction d'une personne qui s'adresse à elle tout en collant des étiquettes codes-barres*] Qui c'est que tu viens chercher ?
2-X : John Smith
3-IDE 1 : À la 13.
4-X : oui
5-IDE 1 : [*continue à coller des étiquettes codes-barres*] (alors) on va essayer de pas trop les mélanger parce que [inaudible] (6s)
6-IDE 2 : Après, tout ça, vous le rentrez sur l'ordinateur [*désigne de l'index une feuille imprimée du dossier patient informatisé*] [image #1] ou ça va dans les dossiers ?
Image # 1
IDE2 désigne de l'index une feuille imprimée du DPI (Dossier Patient Informatisé)

7-IDE 1 : Non ça, c'est juste pour nous (.) ensuite on le rentre dans l'ordinateur parce que cette feuille-là [*frappe du plat de la main une feuille imprimée du dossier patient informatisé*] je l'ai imprimée du dossier infirmier
8-IDE 2 : = D'accord
9-IDE 1 : = du dossier médical, je te montrerai quand on y sera (.) ça juste [*manipule les feuilles, étiquettes à codes-barres et les met devant elle*]
10-IDE 2 : De toute façon tout est informatisé
11-IDE 1 : Après les dossiers papier qu'on a nous, c'est parce que c'est des dossiers qu'on se fait nous
12-IDE 2 : D'accord
13-IDE 1 : Tout ce qui est papier (.)
[...]
14-IDE 2 : [*IDE 1 rentre des informations dans l'ordinateur*] Et les patients ils se mettent d'office dans la liste là où c'est vous qui les rentrez ?
15-IDE 1 : = Non c'est en général c'est les ::: ambulanciers qui vont faire l'entrée [*IDE 1 poursuit son entrée de données dans l'ordinateur*]
16-IDE 2 : Donc en général ça se met directement dans votre euh :::
17-IDE 1 : Ouais par leu ::: le bureau d'accueil (.) Sauf que très souvent les ambulanciers ne vont pas faire l'entrée donc c'est à nous de la faire informatiquement [*IDE 1 poursuit l'entrée de données dans l'ordinateur*]
18-IDE 2 : D'accord.
[...]
19-IDE 1 : [*Regarde l'écran d'ordinateur, tient un crayon dans sa main droite pour prendre des notes sur sa feuille*] Je pense que ce Monsieur il a une trachéo on lui a fermé la trachéo
20-IDE 2 : une dyspnée classe 3
21-IDE 1 : [*prends des notes sur sa feuille*] [inaudible] il doit être sous oxygène
22-IDE 2 : il a eu une gastrostomie (6s)

23-IDE 1 : Ce Monsieur il doit pas pouvoir s'alimenter ça c'est certain, il doit pas parler non plus [*continue à prendre des notes sur sa feuille*] [image #2]

Image #2

IDE1 prend des notes sur la feuille imprimée à partir d'informations affichées à l'écran de l'ordinateur

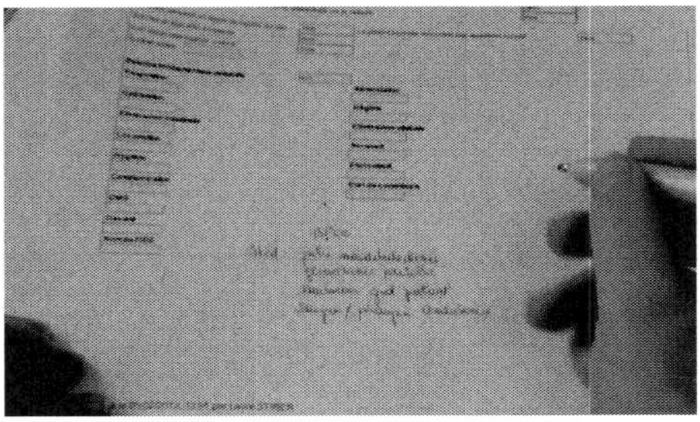

Ce matériau donne à voir des moments-clé de ce qui met en jeu deux groupes professionnels, celui des aides-soignants et celui des infirmiers, dans des travaux d'écrits d'écran et d'écrits papier distribués sur différents objets. Nous allons interroger plus avant la façon dont ces pratiques d'écriture peuvent participer au processus d'affiliation professionnelle, interroger les savoir-faire mobilisés, les façons de faire autorisées, les formes de transgression acceptables et ce faisant, considérer cette affiliation comme en constante re-construction, négociation, aux frontières, par les territoires de l'écrire.

III. S'affilier via les pratiques d'écriture en contexte de numérisation d'une organisation

1. *Moments 1 & 2 : Les pratiques d'écriture des aides-soignants ou comment s'affilier en recomposant et en déléguant*

Pour les aides-soignants, l'écrit dans les applications informatisées vise principalement à faire trace du travail. Ces traces sont considérées comme la condition pour que le travail « existe » du point de vue du management. L'écrire pour la coordination du travail collectif prend forme dans le cahier dédié aux aides-soignantes. Ce cahier du format écolier est déposé dans la salle de soins sur une étagère ; il est placé à côté des feuilles utilisées par les infirmières pour équiper leur propre travail, ces « papiers dans les poches » et autres « pense-bêtes » qui malgré le discours enchanté sur leur prochaine disparition perdurent. C'est un des éléments-clé de ce que l'infirmière dans l'extrait 3 désigne comme « des dossiers qu'on se fait nous ». Il est possible de voir dans cette disposition spatiale commune des écrits une forme de légitimation croisée, chaque groupe, d'infirmiers et d'aides-soignants, reconnaissant la nécessité et l'importance de ces écrits « de la place ». Dans le moment 1, l'aide-soignante nous dit : « Le cahier on le ferme. On le signale aux infirmières ». Il y a articulation entre les écrits des deux collectifs ; ainsi au moins certains des aides-soignants impriment la feuille de synthèse des infirmières pour disposer d'une vue complémentaire de leur activité[3]. Selon la doxa des tutelles, et notamment de la Haute Autorité de Santé qui pilote le dispositif de certification qualité-sécurité des établissements de santé, les écrits hors système informatisé étaient censés disparaître puisque la fiabilité de l'information était censée dépendre d'une unique inscription informatisée. L'organisation collective de ces écrits papier s'avère en cela constituer un élément-pivot du processus local d'affiliation professionnelle.

L'activité qui est au cœur des pratiques d'écriture informatisée des aides-soignants est une activité de traçage ; l'idée est de « garder trace » des actions entreprises, « faire trace » de l'activité. Le passage à des écrits informatisés a suscité des questions et a conduit à des ajustements de pratiques. Dans une première période, une aide-soignante précisait lors d'une observation en février 2010 : « On saisit chacune pour nous sinon on dira qu'on n'a pas travaillé ». (CR observation 23/02/2010, service hospitalisation, 396). Tout se passe alors comme si ces nouvelles pratiques d'écriture informatisées renouvelaient les enjeux autour de la mise en visibilité de l'activité : faire savoir aux autres que l'on travaille, aux collègues et aux cadres, en premier lieu, mais aussi pour ces « autrui absents » que sont potentiellement tous les professionnels autorisés à consulter les dossiers, et dont la capacité d'accès à distance est radicalement renouvelée. S'affilier, dans un tel contexte, c'est accepter cette règle matérialisée dans l'application informatisée selon laquelle il faut montrer son activité (Ogien, 1985). Mais au fil du temps les formes organisationnelles de cette pratique vont se stabiliser différemment. Lors de l'observation du 18.10.2010,

3. Nous n'avons pu vérifier si cette pratique était généralisée.

dans l'extrait ci-dessus présenté, l'aide-soignante dit : « On est 2 ou 3 à le faire souvent. Ça me dérange pas de le faire. Au début, ça posait problème, chacun se ruait sur l'ordi (pour marquer ce qu'il avait fait), c'est l'impression sinon qu'on travaille pas. Alors on a trouvé ça ». En disant « alors on a trouvé ça », cette aide-soignante donne à voir des formes d'apprentissage dans l'organisation des échanges, dans la constitution des règles, dans la compréhension mutuelle du nouveau contexte et de ce qui peut être fait de façon à respecter chacun et le collectif. Alors que pour les infirmiers et les médecins, le fait d'écrire sous son identifiant attribue l'acte à l'écrivant, le lien s'avère plus souple s'agissant des aides-soignants, leur champ d'action étant moins lourd de responsabilités médico-légales. Ainsi au fil du temps, le principe selon lequel l'écrit devait être assuré par l'aide-soignant concerné a été assoupli. La possibilité d'une délégation s'est affirmée, ce d'autant plus que la priorité rappelée par le management est au « faire » dans les temps requis : les toilettes, les lits, les pesées, les tâches liées aux entrées et aux sorties de patients. En quelque sorte, le travail d'écriture n'est pas centralement partie prenante de ce qui fait le métier, et sa délégation permet d'en limiter l'emprise en termes de temps passé et de nécessaire coordination autour des ordinateurs mobilisables.

Du point de vue des écrits informatisés, le groupe des aides-soignants s'est ainsi doté de « porte-paroles », ou de « portés aux écritures ». Peut-être faut-il voir dans ces portés-aux-écritures une désignation de ceux qui se sentent suffisamment autorisés pour écrire, dans des métiers peu portés sur l'écriture, et dans un milieu très hiérarchisé où les médecins sont les maîtres incontestés et dominants de l'écrire au travers de cet écrit-clé, hautement performatif, qu'est la prescription. Maïté nous précise : « ça me dérange pas » et pour être préposée aux écritures, il faut se sentir prêt à assumer cette responsabilité ; il faut maîtriser suffisamment les règles et avoir démontré une maîtrise de ces pratiques pour se voir ainsi déléguer ces écrits par le groupe. La responsabilité de ces portés-aux-écritures est importante puisqu'il s'agit de porter à connaissance le travail de chaque membre de l'équipe, de le marquer dans le détail des activités attachées chacune à un patient spécifique. Cet écrit est à la fois collectif et individualisé, au sens d'un écrivant pour les autres mais assignant les activités à ceux qui les ont menées. En cela, il y a complémentarité au regard de cet autre écrit, l'écrit dans le cahier des aides-soignants, outil essentiel de programmation du travail et de coordination. En effet dans ce cahier celui ou celle qui écrit le fait pour le collectif, elle trace ce qui doit être effectué, mais sans désigner nominativement ceux seront en charge de mener à bien ces activités, ce qui se décide en début ou en cours de service. En l'occurrence, la différence entre ces ordres d'écrire suscite un nouvel écrit intermédiaire permettant d'articuler le travail planifié collectivement et le travail tracé individuellement : une feuille A4 avec un tableau comportant des lignes par chambre sur laquelle la personne en charge des écrits informatisés va consigner, selon des codes très synthétiques et personnels, le qui-fait-quoi et les autres indications de façon à pouvoir assurer son rôle de scribe pour tous et chacun des écrits d'écran. L'écrit pour le collectif que constitue le cahier sert à tracer le périmètre de ce qui est à faire, et d'en structurer la programmation. Cette programmation est importante : ainsi est-elle dans le premier service rythmé par des opérations chirurgicales qui ne sauraient attendre en raison de préparations mal coordonnées – des tâches infimes, en bonne part invisibilisées, et pourtant indispensables, qui se donnent à voir quand elles ne sont pas effectuées dans les temps. La programmation est aussi essentielle en ce qu'elle permet de mener à bien le travail en effectif contraint, avec une variabilité et une difficulté du travail qui peuvent être conséquentes en fonction de l'état des malades, et de se ménager tout en faisant du « bon travail ».

L'étude de ces moments d'observation des pratiques d'écriture des aides-soignantes nous permet de mettre de l'avant les compétences qu'une telle activité appelle. Avec l'insertion des dossiers patients informatisés, de nouvelles compétences sont requises de la part des aides-soignants, compétences qui relèvent essentiellement d'une autoformation sur ce qui doit et peut être écrit. Ces écrits doivent être effectués selon des architextes[4], des cheminements, des écrans, des espaces dans l'écran déterminés. Ainsi l'aide-soignante opère-t-elle distinctement entre le traçage des activités menées pour et sur le patient, et l'enregistrement des mesures de poids, compte tenu de cheminements distincts requis ou identifiés dans les applications informatisées. De même peut-on remarquer qu'elle n'avait jusqu'alors pas remarqué qu'il

---

4. Y. Jeanneret et E. Souchier ont ainsi désigné comme « architextes (de *archè* : origine et commandement), les outils qui permettent de représenter la structure du texte à l'écran et qui, non contents de représenter la structure du texte, en commandent l'exécution et la réalisation. Autrement dit, le texte naît de l'architexte qui en balise l'écriture » (Jeanneret et Souchier, 1999, p. 103).

existait une case « informations générales » sur l'un des écrans de saisie auxquels elle a accès avec son code, qui délimite son domaine d'auteurité. Comme si la légitimité à rédiger un texte « libre » était écartée d'emblée, dans cet univers très hiérarchisé que forment les professions de santé, régi par des cadres fortement réglementés sur qui peut écrire sur le « médical » (les seuls praticiens), le « soignant » (les infirmiers) et les autres. Appartenir à une communauté et maîtriser son affiliation, c'est ainsi se savoir autorisé ou pas à écrire certains éléments, et savoir ne pas outrepasser son domaine de légitimité.

Les aides-soignants sont – comme leur intitulé le signifie – dans cet entre-deux qui les rapproche des soignants sans leur accorder l'autorité relative attachée à cette profession. Ils ont cependant accès à l'écriture, et à la reconnaissance distinctive entre ceux qui écrivent dans les dossiers patients, dans ce qui constitue le « cœur » du système d'information, et les autres. Au moment de l'informatisation, certains ont pu douter de là où se déploierait la « frontière » des écrivants. Ainsi, le jour J du déploiement dans le service concerné, avons-nous observé qu'un post-it noté « AS » avait été collé sur l'écran d'un des ordinateurs sur chariot tout nouvellement installés dans les couloirs. Comme s'il avait été préfiguré par certains que chaque ordinateur serait dédié à un corps professionnel particulier, et qu'il existait un risque que le groupe professionnel le plus « bas » dans l'échelle de l'écriture pourrait ne pas y avoir accès. La cadre de service avait très vite enlevé le post-it en déclarant à la cantonade que les ordinateurs n'étaient pas dédiés et qu'ils seraient utilisés en fonction des besoins. Nous avons pu par la suite constater que les ordinateurs sur chariot étaient utilisés tant par les infirmiers que par les médecins internes – les aides-soignants prenant plutôt appui sur leurs notes à partir des relèves et de leurs échanges pour mobiliser les ordinateurs de la salle de soins. S'est ainsi constituée dans les pratiques une frontière des communautés selon l'utilisation des ordinateurs, sur qui utilise quoi et qui a priorité sur qui. La hiérarchie, sans être inscrite dans le matériel, le reste dans les pratiques : ainsi avons-nous vu fréquemment des infirmières proposer l'ordinateur sur lequel elles travaillaient aux praticiens se trouvant à proximité. Les aides-soignants se sont donc retrouvés dans le périmètre des écrivants, même s'ils le sont dans une position un peu mal assise, dans des utilisations réduites et sous contraintes. Certains plus anciens et confirmés étendent leurs consultations, leurs interactions voire certains de leurs écrits dans les porosités des frontières avec la communauté des infirmières. Les agents de service quant à eux n'y ont pas accès, et certains ont manifesté par quelques piques cette exclusion du « cœur » du lire et de l'écrire.

2. *Moment 3 : Infirmière novice initiée ou comment s'affilier en liant et différenciant*

Dans ce moment, nous observons deux infirmières qui sont en charge de collecter des informations sur un patient qui vient d'être admis à l'hôpital. Il y a une infirmière experte et une novice. Elles sont toutes les deux devant le dossier électronique du patient. Dans un premier temps, l'infirmière imprime une feuille du dossier informatisé patient intitulé « recueil des données à l'entrée » et elle explique ceci à sa collègue (« la feuille là je l'ai imprimée »). Il s'agit de l'impression d'écran comportant des cases avec des éléments visant à rendre compte de ce qui relève du diagnostic infirmier, ce qui inclut le motif d'hospitalisation, la connaissance du diagnostic par le patient, les équipements du patient (prothèse, abords veineux), l'évaluation du risque de fragilité sociale et les besoins physiologiques fondamentaux. Ensuite, une première étiquette à codes-barres va être apposée sur la feuille d'entrée pour tracer la continuité dans l'identité du patient. L'infirmière va ensuite consulter des informations et fichiers déposés dans le dossier administratif et médical du patient pour rassembler un premier ensemble d'informations, qu'elle va progressivement annoter sur la feuille d'entrée. Au fil de ses explications, l'infirmière experte évoque ce qui est du ressort du collectif, ce qui est censé être effectué par d'autres, mais aussi la façon dont les infirmières vont suppléer aux manquements d'autres professionnels. Elles prennent sur elles pour correspondre au souci du travail bien fait dans la communauté de pratiques, et elles valorisent cette capacité à déborder des écrits prescrits pour correspondre au travail bien fait. En même temps, elles ne peuvent mener à bien leurs propres écrits sans ces préalables, compte tenu des principes de workflow qui enchaîne les écritures. Or elles ont en charge de faire se rencontrer « l'entrée » dans les fichiers et « l'entrée » au sens du patient qui va arriver ou qui est déjà dans le service sans qu'il « apparaisse » encore dans les écrits d'écran.

Dans les propos de l'infirmière experte, il est possible de relever l'importance du « Nous » comme signe de l'intégration à une communauté professionnelle. Comme le montre Wenger (2005), l'activité de la communauté (ici les infirmières) n'est pas uniquement d'appartenir à une communauté, mais de participer, d'y prendre part, de s'engager. Le « nous » est posé comme clairement établi, ne nécessitant pas de clarification, et la nouvelle venue y est affiliée d'emblée implicitement : « ça c'est juste pour nous ». L'infirmière confirmée du service explicite à la novice l'allant de soi, y compris de ce qui est un « secret » très relatif mais que tout le monde feint de ne pas connaître vis-à-vis des instances supérieures ou externes, à savoir qu'il subsiste des éléments de dossier papier. La banalisation du « secret » pour une nouvelle initiée participe de l'affiliation. Partager une information avec la novice, une information que seule les infirmières sont censées partager, permet d'affirmer le collectif une nouvelle fois (nous/eux, en l'occurrence les gestionnaires et les instances). Il y a ici constitution d'une frontière, marquant un territoire (nous et nos secrets).

Dans ces échanges apparaît la construction d'une identité en tant qu'infirmière responsable, soucieuse d'effectuer un bon travail de soins, avant tout. Ceci converge avec les travaux de Wenger sur les communautés de pratique. Selon cet auteur, dans le processus d'apprentissage, il y a construction identitaire ; il y a développement d'une identité interne (qui sommes-nous, comment travaillons-nous), et externe (qui ne sommes-nous pas). À travers l'analyse de ces échanges autour des écrits, nous pouvons montrer plus précisément comment les pratiques d'écriture en contexte numérique contribuent à réaffirmer cette construction identitaire, peut-être même à la redéfinir, en rendant plus explicite des différences (eux/nous articulés à des formes d'écrits). En cela le déploiement des écrits informatisés est un moment particulier au cours duquel se recomposent les formes et territoires d'affiliation autour des écrits et des échanges qu'ils suscitent.

Conclusion

Les exemples présentés montrent bien en quoi, les organisations sont un monde peuplé d'écrits qu'ils soient numériques ou non. Mais d'une certaine manière, nous avons aussi voulu montrer que les professionnels de la santé s'affilient à une communauté de professionnels en apprenant à compléter correctement un formulaire, en respectant les frontières de ce qu'ils/elles sont autorisés à écrire et leur formation les entraîne à produire un scénario d'écriture que l'on peut juger normatif. Or,

> [dire] que les écrits professionnels ont des formes instituées normatives [n'est pas] un jugement de valeur. C'est simplement poser que les groupes professionnels, à l'échelle infiniment plus développée que l'existence du collectif de travail, ont contribué à une date donnée à stabiliser – on suppose que c'est aussi à leur profit – un état de savoirs qui fasse métier (Delcambre, 1997, p. 25).

On a donc des pratiques d'écriture qui tendent à caractériser, à définir des « communautés de professionnels » et à affirmer leur identité professionnelle : les aides-soignantes et les infirmières dans notre cas. Nous distinguons ces deux communautés car il y a un effet de matérialisation et de rigidification formelles des territoires autorisés d'écriture et de lecture dans le système, qui vient ainsi formaliser selon un design spécifique les cadres réglementaires codifiant les domaines d'intervention. Par exemple, pour l'accès aux ordinateurs chaque professionnel a un identifiant et un code qui ne lui donne accès qu'aux écrans relevant du service d'affectation et de sa fonction (même une infirmière qui va d'un service à un autre pour venir en appui sur ordre de sa hiérarchie n'aura pas accès aux dossiers patients du service). La différence est marquée au regard du dossier papier antérieur où les notations étaient affectées à différentes parties du dossier (partie « médicale » des praticiens, partie « dossier infirmier ») mais tous les documents étaient également accessibles. Les moments analysés nous montrent aussi que s'affilier à une communauté se réalise via un processus de négociation constant sur les façons d'écrire acceptées et acceptables. Et participer à ce processus de négociation aide les professionnels de la santé à trouver, déterminer les frontières de l'acceptable par leur communauté et l'organisation. Évidemment, des souplesses existent ou ont été introduites pour rapprocher les scripts médico-légaux aux conditions pratiques de l'activité ; ainsi des infirmières peuvent commander un médicament sur « prescription orale de tel médecin », sur des médicaments urgents, sans passer immédiatement par une prescription informatisée. Ajoutons à ceci que le processus de négociation soutenant l'affiliation concerne aussi les règles qui gouvernent les échanges avec les autres groupes : en l'occurrence, les infirmiers vont s'attacher à mettre en forme les pratiques des internes notamment en termes de prescriptions pour que ces prescriptions soient adaptées à l'organisation des soins et à ce qu'elles perçoivent de l'évolution des patients. En cela la communauté infirmière essaie d'influer sur les processus d'affiliation des jeunes internes pour faciliter les interactions d'écriture, de lecture, et les pratiques associées entre praticiens et soignants.

Bibliographie

Bazet Isabelle, Mayère Anne, Jolivet Alexia, Roux Angélique, Catlla Michel et Simbille Jocelyne, *Conception et appropriation d'un dispositif de gestion d'événements indésirables – Confiance, défiance et territoires de l'indésirable*, Rapport Final du programme Les événements indésirables dans les systèmes de santé, MiRe – DREES, 2007, p. 138.

Bazerman Charles, *Shaping Written Knowledge. The Genre and Activity of the Experimental Article in Science*, University of Wisconsin Press, 1988, p. 356.

Berg Marc, « Practices of reading and writing : the constitutive role of patient record in medical work », *Sociology of Health & Illness*, Vol. 18, n° 4, 1996, p. 499-524.

Bézille Hélène, « Formation du sujet, apprentissages et dynamique des affiliations », *Éducation et francophonie*, vol. 38, n° 1, 2010, p. 123-137.

Borzeix Anni et Fraenkel Béatrice, *Langage et Travail. Communication, cognition, action,* Paris, CNRS Éditions, 2001, p. 379.

Bourdeloie Hélène, « L'appropriation des dispositifs d'écriture numérique : translittératie et capitaux culturel et social », *Études de communication*, vol. 38, n° 1, 2013, p. 23-36.

Boutet, Josiane, « Écrits au travail », in Fraenkel, B. (éd.), *Illetrismes. Variations historiques et anthropologiques*, Paris, BPI-Centre Georges Pompidou, 1993, p. 253-266.

Cochoy Franck, Garel Jean-Pierre et Gilbert de Terssac, « Comment l'écrit travaille l'organisation : le cas des normes ISO 9000 », *Revue française de sociologie XXXIX* (4), 1998, p. 673-699.

Cooren François et Robichaud Daniel, « Les approches constitutives », in S. Grosjean et L. Bonneville (éds.), *Communication organisationnelle : Approches, processus et enjeux*, Chenelière Éditions, Montréal, 2011, p. 139-173.

Delcambre Pierre, *Le journal de passerelle dans la marine marchande. Consigner et remplir : l'exercice quotidien d'une responsabilité professionnelle,* Rapport de recherche pour la Direction du Patrimoine, Mission du Patrimoine Ethnologique, 1997, p. 15.

Delcambre Pierre, « Ecrire comme moment de l'activité, écrire comme travail » in Dealcambre, P. et Matuszak, C. (éds.), *Ecrire au magistrat. Nouvelles normes, nouvelles contraintes,* Presses Universitaires du Septentrion, 2016, p. 233-278.

Delcambre Pierre et Matuszak Céline, *Écrire au magistrat. Nouvelles normes, nouvelles contraintes*, Presses Universitaires du Septentrion, 2016, p. 340.

Denis Jérôme, « Le travail de l'écrit en coulisses de la relation de service », *Activités*, vol. 8, n° 2, 2011, p. 32-52.

— *Le travail invisible de l'écrit. Enquête dans les coulisses de la société de l'information.* Thèse d'habilitation à diriger des recherches, 2015, p. 334.

Denis Jérôme et Pontille David, « Travailleurs de l'écrit, matières de l'information », *Revue d'anthropologie des connaissances*, Vol. 6, n° 1, 2012, p. 1-20.

— « Une écriture entre ordre et désordre : le relevé de maintenance comme description normative », *Sociologie du travail*, 56, 2014, p. 83-102.

Fraenkel Béatrice, « La résistible ascension de l'écrit au travail », in Borzeix, A. et Fraenkel, B. (éd.), *Langage et Travail. Communication, cognition, action*, Paris, CNRS Éditions, 2001, p. 113-142.

Gardère Elizabeth et Christian Le Moenne, *Organisations digitales. Individus, santé, déontologie en contexte numérique*, éditions L'Harmattan, 2015, p. 224.

Greenan Nathalie, Guillemot Danièle et Kocoglu Yusuf, « Informatisation et changements organisationnels dans les organisations », *Réseaux*, n° 162, 2010, p. 9-32.

Groleau Carole et Mayère Anne, « Médecins avec ou sans frontière : contradiction et transformation des pratiques professionnelles », *Sciences de la Société*, n° 76, 2009, p. 102-119.

Grosjean Sylvie, « Interagir pour savoir et s'organiser. Une analyse des savoirs-en-action produits lors de réunions », *Sciences de la société*, Vol. XIX, n 88, 2013, p. 59-82.

Grosjean Sylvie, Huet Romain et Bonneville Luc, « Regard sur un genre d'écrits professionnels : les carnets de terrain de consultants en environnement », *Les Enjeux de l'information et de la communication*, 2011, En ligne : < http://w3.u-grenoble3.fr/les_enjeux/2010-supplementB/GrosjeanHuetBonneville/index.html>

Jeanneret Yves et Souchier Éric, « Pour une poétique de "l'écrit d'écran" », *Le multimédia en recherche, Xoana. Images et sciences sociales*, n° 6, 1999, p. 97-107.

Jeanneret Yves et Tardy C., *L'écriture des médias informatisés, espaces de pratiques*, éditions Hermès, introduction, 2007, p. 21-35.

Latour Bruno, *La science en action*, Paris, La Découverte, 1989, p. 672.

Marrast, Philippe, *Équipement informatique des Annotations et des Pratiques d'écriture professionnelles : une étude ancrée pour l'organisation des soins en cancérologie*, Thèse en sciences informatiques, Université de Toulouse, 2015, p. 271.

Mayère Anne, « Organizational Communication and the Renewed Issue of Information and Communication Technologies », *Management Communication Quarterly*, vol. 24, n° 4, Novembre 2010, p. 612-619.

Ogien Albert, *L'affiliation : analyse de la constitution de l'intervention sur autrui. Pratiques de formation*, 1985, n° 11-12. Consulté le 20 juillet 2016 : < http://vadeker.net/corpus/pfem/5-5_affiliation.html>.

Ybema, Sierk, Yanov, Dvora, Wels, Harry, Kamsteeg et Frans, *Organizational ethnography : Studying the complexities of Everyday Life*, London, Sage, 2009, p. 304.

Wenger Etienne, *La théorie des communautés de pratique. Apprentissage, sens et identité.* Les Presses de l'Université Laval, 2005, p. 309.

III

Lectures préférentielles du dispositif tablette

par Alexandra Saemmer

Introduction

Depuis de nombreuses années, j'étudie dans mes travaux comment le sens émerge à partir du texte numérique (par exemple Saemmer 2007, 2015). Ce texte numérique (dans sa définition la plus large de *texture*, incluant textes alphabétiques, images, animations, gestes de manipulation…) est cadré dans des pages-écrans dont les « unités éditoriales » (grandes briques graphiques encadrant des entités de sens) sont, la plupart du temps, prédéterminées par des logiciels d'écriture numériques. L'écriture et la lecture se trouvent ainsi structurées par des outils industriels qui certes facilitent l'accès aux pratiques numériques en libérant l'usager par exemple de l'apprentissage du code, mais lui imposent aussi des cadres qui, sous couvert de libre choix, incarnent une rationalité technique ayant des répercussions profondes sur la structuration de la pensée. Dans cette contribution, je propose de rajouter au feuilleté complexe d'éléments qui interviennent dans l'émergence du sens du texte numérique le dispositif de lecture lui-même : l'ordinateur, avec son système d'exploitation incarné sur le bureau. Je me pencherai en particulier sur les pratiques de réception modélisées par la tablette. L'Éducation nationale a récemment investi à grande échelle dans ce dispositif, qui se trouve aujourd'hui expérimenté dans grand nombre de classes. Il me paraît donc particulièrement urgent d'identifier les pratiques de réception qu'il modélise, avant et pendant que l'apprenant se mette à lire un contenu précis.

Qui parle d'« émergence du sens » indique, par le vocabulaire qu'il mobilise, son inscription dans des méthodologies sémiotiques. Je tenterai en effet de montrer ce que la sémiotique peut apporter aux débats autour du thème « Les affiliations par et avec le numérique », titre du présent ouvrage. En complément des contributions reposant principalement sur l'étude des pratiques en situation pédagogique, je propose d'analyser comment le dispositif tablette lui-même anticipe sur les pratiques, par ses unités graphiques visibles à l'écran et ses fonctionnalités interactives. Mon approche en sémiotique sociale ne fait néanmoins pas abstraction des pratiques réelles. Elle étudie l'imbrication profonde entre les représentations, valeurs et allants-de-soi avec lesquels les concepteurs et les récepteurs approchent la tablette, et les matérialités techniques, graphiques et manipulables qui matérialisent ces points de vue dans l'artefact. Inscrivant l'étude sémiotique dans un « tournant critique », je me demanderai non seulement comment certaines de ces modélisations de pratiques favorisent l'affiliation du sujet à des normes sociales et des routines, mais aussi *pourquoi* ils le font, bref, je questionnerai les motivations des acteurs impliqués dans ce processus d'émergence du sens.

I. Éléments d'une méthodologie de sémiotique sociale

Ma méthodologie de recherche est centrée sur l'identification des modélisations de pratiques par l'artefact culturel numérique. Ces modélisations matérialisent de façon visible, lisible, et parfois audible et manipulable les représentations, attentes et valeurs des constructeurs, concepteurs et auteurs de l'artefact. Elles sont perçues et interprétées par les récepteurs qui y investissent à leur tour des représentations, attentes et valeurs. Le sémioticien essayant d'identifier ces modélisations, est évidemment lui aussi influencé par des points de vue. Il est, comme tout concepteur et récepteur, « pris » dans le système culturel, économique et politique qui l'entoure. Tout en étant conscient de ce biais inévitable, il essaie néanmoins non pas seulement de montrer *comment* le sens se construit à partir des matérialités de l'artefact culturel numérique et des points de vue à partir desquelles celui-ci est façonné et perçu, mais de se questionner aussi sur les *raisons* de cette émergence. Il rejoint à ces moments certaines préoccupations de la théorie critique.

Afin de cerner l'imbrication profonde et dynamique entre matérialités de l'artefact et représentations dans tout processus d'interprétation, le concept d'« interprétant » selon la définition de Charles Sanders Pierce s'avère d'une grande pertinence. Pierce (1895, vol. 1, par. 339) affirme que l'interprétant est d'une part l'*idée* que le signe fait naître quez quelqu'un. En même temps, l'interprétant constitue lui-même un signe et nullement une idée « désincarnée » : « Un signe, ou representamen est quelque chose qui représente à quelqu'un quelque chose sous quelque rapport (*respect*) ou à quelque titre (*capacity*). Il s'adresse à quelqu'un, c'est-à-dire crée dans l'esprit de cette personne un signe équivalent, ou peut-être plus développé. Ce signe qu'il crée, je l'appelle l'interprétant du premier » (Pierce 1987, vol. 2, par. 228[1]). Il est important de retenir aussi que ce processus dynamique d'emboîtement de signes n'est pas sans bornes. Certains points de vue reçoivent, du moins momentanément, « le flambeau de la vérité » (Pierce 1895, vol. 1, par. 339). Pierce appelle « interprétant final » ce point de vue qui, à un moment donné, est considérée comme convaincant par les acteurs impliqués dans une situation de communication.

Cette décision de vérité ne se prend pas non plus qu'individuellement. Umberto Eco (1992, p. 128) explique que d'une part, l'interprétant final émerge en confrontation avec les matérialités de l'artefact culturel lui-même ; que ce sont donc les bornes matérielles de l'artefact qui limitent certaines « dérives interprétatives ». D'autre part, beaucoup de représentations préexistent à l'acte de conception et de réception d'un artefact et guident également son interprétation. L'interprétant peut ainsi prendre la forme d'une « habitude » ou, comme le formule Robert Marty (2007, p. 19), d'« une norme sociale », d'un « habitus collectif déjà-là ». Jean-Jacques Boutaud et Eliseo Veron (2007, p. 19) s'appuient sur cette conception sociale et politique en proposant le concept de l'« interprétant collectif ». Les interprétants collectifs font appel à des imaginaires partagés dans une société, des représentations et valeurs, mais aussi des allants-de-soi idéologiques forgés par des systèmes de domination, et constituent des « noyaux d'appartenance » qu'il s'agit à la fois de cerner et de soumettre à un questionnement critique.

1. « Un signe représente (*stands for*) quelque chose par rapport à l'idée qu'il produit ou modifie… Ce qu'il représente s'appelle son objet… et l'idée qu'il fait naître, son interprétant » Je reprends ici les traductions proposées par Pierre Thibaud, « La notion piercéenne d'interprétant », *Dialectica* 37, n° 1, 1983, p. 3-33.

La question de l'affiliation, définie dans le texte introductif de ce livre comme « le processus par lequel un individu incorpore cognitivement et socialement les 'allants de soi'd'une communauté », rejoint celle des interprétants collectifs. Les pratiques modélisées par les signes d'un texte, d'une page-écran, d'un logiciel et plus globalement d'un dispositif de lecture, peuvent dans certains cas confirmer et renforcer les affiliations déjà existantes à des normes et des routines, alors que d'autres de ces modélisations peuvent mettre ces affiliations au défi et ouvrir des brèches possibles à la différenciation.

Faisant intervenir les interprétants collectifs à toute étape de l'interprétation sémiotique (et non pas seulement comme une sorte de validation de celle-ci), ma méthodologie d'analyse fait régulièrement appel à des discours de lecteurs ou de concepteurs, recueillis dans le cadre d'entretiens individuels et de focus groupes. Par exemple, j'ai ainsi constaté dans de nombreux entretiens (par exemple Saemmer, 2015) que la lecture numérique est communément considérée comme accélérée, papillonnante, voire superficielle. Ce point de vue ne reçoit pas seulement le « flambeau de la vérité » parce que certains artefacts culturels numériques, par exemple les articles dans la presse en ligne truffés d'hyperliens internes, modélisent des pratiques de lecture rapides, mais aussi parce que divers discours d'accompagnement industriels et médiatiques prônent la lecture numérique accélérée comme un allant-de-soi dont le bien-fondé ne doit plus être questionné. Or, ces pratiques de lecture accélérées sur support numérique génèrent du profit à double titre, grâce au visionnage papillonnant d'un maximum de publicités en un minimum de temps, et parce qu'ils détournent l'esprit du lecteur d'une lecture plus intensive ou réflexive.

Maintenant, et c'est l'hypothèse principale qui a guidé la réflexion ici présentée, la modélisation d'une telle pratique accélérée ne commence pas qu'au niveau de la page-écran, mais déjà sur l'interface de certains dispositifs de lecture numériques. Comme je le monterai plus loin en détail, la tablette iPad favorise, par la disposition graphique des outils et applications sur le bureau, le passage rapide entre eux tout en occultant leur nature technique véritable. En questionnant les motivations industrielles de cette occultation, il s'agit de s'intéresser, comme l'a formulé Umberto Eco (1975, p. 370), aux « connexions secrètes et cachées d'un système culturel donné, les modalités dans lesquelles le travail de production des signes peut respecter ou trahir la complexité de ce réticule sémantique, en le rendant adéquat (ou en le séparant du) travail humain de transformation des états du monde ».

Certes, on pourrait faire observer que les auteurs, les concepteurs et les lecteurs ne sont pas *obligés* à se conformer aux pratiques modélisées dans un artefact culturel numérique. Par ailleurs, dans la plupart des artefacts que j'ai pu analyser jusqu'alors, plusieurs modélisations de pratiques se côtoient et préfigurent des pratiques parfois accélérées et papillonnantes, parfois intensives et concentrées. Or, intervient ici une autre hypothèse annoncée dès le titre de ce chapitre : l'idée que les modélisations de pratiques ne sont pas proposées au lecteur à parts égales, mais que l'artefact culturel est structuré par ce que Stuart Hall (2008, p. 27) appelle des « lectures préférentielles » : des pratiques vers lesquelles les constructeurs et concepteurs essaient de guider le lecteur en priorité. Comme l'exprime David Morley (2008, p. 159), « les publics ne voient pas simplement dans un texte ou une image ce qu'ils veulent y voir, dès lors il ne s'agit pas d'une fenêtre ouverte sur le monde, mais d'une construction ». Les pratiques interprétatives du récepteur sont orientées par les lectures préférentielles matérialisées dans l'artefact, et cela d'autant plus fortement lorsqu'un artefact est issue d'une industrie culturelle.

Je m'intéresse dans cette contribution en particulier aux modélisations de pratiques par le « dispositif » tablette, en définissant le « dispositif », dans la filiation de Michel Foucault, par le rapport de forces qui s'y noue, entre les constructeurs qui essaient de canaliser les pratiques, et les récepteurs qui s'y trouvent plus ou moins pris. Ce rapport de forces repose sur des stratégies dominantes, mais aussi sur des « bornes de savoir ». « C'est ça le dispositif », écrit Michel Foucault (1994, p. 299-300), « des stratégies de rapports de forces supportant des types de savoir, et supportés par eux ». Le dispositif tablette reflète certes les stratégies des constructeurs qui l'ont conçu, et à travers des lectures préférentielles essaie d'orienter et de canaliser les pratiques. Si cette modélisation est néanmoins perçue comme acceptable par les utilisateurs, c'est parce qu'elle repose sur des affiliations puissantes et qu'elle promet l'élaboration d'un savoir.

Plusieurs constructeurs de tablettes se disputent actuellement le marché de l'Education nationale, mettent en place des stratégies qui vont de la mise à disposition (prétendument) gratuite d'outils jusqu'à la formation des enseignants. Je me concentrerai ici sur la tablette iPad et sur les pratiques qu'elle modélise, pratiques que nous avons eu l'occasion d'étudier dans le cadre d'un projet de recherche dédié aux « Catalogues d'exposition numériques[2] ». Entre 2012 et 2015, Nolwenn Tréhondart, doctorante sur le projet, a procédé à une trentaine d'entretiens auprès d'auteurs et de concepteurs de livres numériques qui se sont en outre exprimé sur leur choix du dispositif, tablette, ordinateur portable, téléphone ou liseuse. Deux focus groupes auprès de lecteurs ont également été menés grâce à une collaboration étroite avec Muriel Amar et Agnès Camus, chercheurs à la BPI[3]. Une partie de ces entretiens de groupe a été consacrée au recueil des représentations et valeurs associées au dispositif iPad. Les enquêtes ont donné lieu à des enregistrements sonores, retranscrits *verbatim* et cités entre guillemets ci-après. À partir des discours recueillis, nous avons avec Nolwenn Tréhondart formé des champs lexicaux et identifié quelques interprétants collectifs qui réunissaient ces communautés d'acteurs autour de points de vue partagés. Nous proposons de nommer « figures dispositives » ces points de vue quand ils se trouvent incarnés dans le dispositif sous forme de signes reconnaissables.

---

2. Ce projet de recherche soutenu par le laboratoire d'excellence Arts-H2H (programme Investissements d'avenir ANR-10-LABX-80-01) entre 2013 et 2015, était consacré aux catalogues d'exposition numériques qui sont produits par certains musées en complément des catalogues papier, et sont souvent exclusivement dédiées à la tablette iPad. La Bibliothèque publique d'information (Bpi) du Centre Pompidou, la Réunion des musées nationaux, l'Ensad et l'université de Lyon étaient partenaires du projet. Un ouvrage collectif intitulé *Livres d'art numériques : de la conception à la réception* a été publié en 2017 aux Editions Hermann.

3. Ces focus groupes d'une durée de trois heures chacun ont été organisés les 12 juin et 8 octobre 2015. Chaque séance a réuni une dizaine de participants, des visiteurs d'exposition sélectionnés en outre leur familiarité avec les dispositifs numérique. Le dispositif d'enquête mis en place par Muriel Amar, Agnès Camus et Nolwenn Tréhondart, était centré autour du rapport des lecteurs avec les catalogues d'exposition édités sur supports de lecture numériques ; la présentation de quelques parcours possibles dans un catalogue précis et le recueil des interprétations en situation de réception faisaient également partie de l'enquête.

II. Figures dispositives de la tablette iPad

1. *Figures « pro-spectaculaires »*

Prenons donc en main le dispositif iPad. Plus maniable et léger qu'un ordinateur portable, dépourvu de périphériques, il se glisse facilement dans un cartable, et permet au lecteur de s'installer dans des postures confortables qui pourraient favoriser la lecture profonde. Les angles de l'appareil sont arrondis, la surface métallique est agréable au toucher – les concepteurs et éditeurs interrogés ont d'ailleurs insisté sur l'aura luxueuse de l'iPad (ils énoncent par exemple que l'écran de la tablette permet de « *sublimer* » les contenus). Produire des applications dédiées à cette tablette constitue, pour certains d'entre eux, un choix littéralement « *exclusif* ». Le rétro-éclairage de l'écran attire le regard, illumine de l'intérieur les formes, donne aux couleurs un éclat particulier que les lecteurs interrogés ont également verbalisé à plusieurs reprises : « *La qualité des photos est vraiment énorme !* ».

Pour le constructeur Apple il s'agit, comme il l'exprime sur le site du logiciel propriétaire iBook Author, de « *donner vie aux objets* », par la lumière et par le mouvement. Il faut que les objets « *bondissent de la page* », affirme Apple. Une esthétique du surgissement caractérise cet interprétant collectif lorsqu'il est matérialisé à l'écran de l'appareil. Les icônes qui représentent les applications et outils disponibles décrivent une trajectoire de l'extérieur vers l'intérieur. Un *toucher* sur l'icône crée la trajectoire inverse : mouvements fluides et répétitifs qui peuvent s'avérer littéralement fascinants, et plonger le lecteur dans la jouissance du dispositif pour lui-même. L'effet « *spectaculaire* » de ce genre de « *démonstrations technologiques* » permet, selon l'un des concepteurs interrogés, d'exciter la curiosité des « *acheteurs* ». Tout en étant conscients que cette « *magie* » du dispositif peut l'emporter sur le contenu, les concepteurs et éditeurs mettent à profit toute cette ingénierie de l'enchantement, acceptant comme un allant-de-soi que le lecteur adhère à son côté spectaculaire. En animant chaque objet à l'écran, Apple a effectivement réussi à changer l'horizon d'attente des concepteurs, éditeurs et lecteurs. Nous avons constaté que certains approchent désormais un artefact comme le livre numérique avec l'exigence qu'il y ait des « *choses qui bougent* ».

Nous appelons « pro-spectaculaires » ces figures dispositives, incarnations matérielles d'un interprétant collectif qui installent le lecteur dans une posture de spectateur enchanté. La vitalité apparente des objets crée une forme de compréhension qui passe d'abord par le sensible. Pour circonscrire les enjeux idéologiques de cette ingénierie de l'enchantement, on pourrait rappeler les critiques d'Adorno et de Horkheimer à l'égard de l'artefact culturel industrialisé : les réactions inconscientes du récepteur seraient réglées de façon si exclusive sur les catégories fétiches dominantes, que toute réponse serait par avance conforme au système marchand incarné dans ces modélisations.

Il paraît certain que le constructeur Apple ne vise pas seulement l'enrichissement culturel des pratiques de conception et de réception. Les figures pro-spectaculaires captent l'attention, constituant des « lectures préférentielles » particulièrement puissantes. Et si le spectacle de la danse des icônes enchante par sa fluidité, il fait facilement oublier l'envers du décor, le fonctionnement réel de la machine. Sur le bureau de l'iPad, les applications, navigateurs, jeux, services et outils-logiciels se trouvent tous rangés au même niveau, sans que leur forme graphique permette de décrypter leur nature technique. Dans la petite icône aux angles arrondis, il ne semble plus y avoir de place pour une extension qui indiquerait son origine logicielle. La tablette s'allume sans fournir de précision sur le système d'exploitation. Il est devenu plus que jamais difficile d'accéder au code source d'une page-écran. Par ailleurs, le lecteur n'est pas informé sur les données personnelles transmises au constructeur sur ce dispositif pertinemment connecté : évolutions vers l'occultation des enjeux techniques et marchands que Friedrich Kittler (2015) avait critiquées dès les années 1990. Au nom de l'allant-de-soi que l'utilisateur *désire* être enchanté par une « *mise en scène numérique* », aucune question concernant le fonctionnement interne du dispositif n'est encouragée ou même admise.

2. *Figures « pro-polysensorielles »*

Que serait pourtant cette esthétique du surgissement sans les gestes de manipulation qui la mettent en action. Le dispositif tablette iPad invite, par sa forme même, à entrer dans un rapport sensoriel inédit avec l'objet technologique. Chaque icône s'active par un *toucher* qui se distingue du clic-souris par son caractère non-médiatisé et intime. Le surgissement du « contenu » de l'objet touché est immédiat : l'interface semble obéir au doigt. L'articulation des gestes *toucher-glisser* permet de « feuilleter » le bureau. Le défilement des icônes s'accorde au glisser du doigt.

Ce qui, en termes sémiotiques, caractérise l'articulation entre gestes et mouvements et leur donne une force de persuasion inédite, est leur « iconicité ». L'iconicité (voir par exemple Klinkenberg, 1996, p. 384-385) désigne le fait que certains signes font, par leurs caractéristiques sensibles, appel à des expériences enregistrées dans la mémoire de l'utilisateur, et cela même si la représentation de l'objet n'est pas parfaite. Certains traits traçant les contours de l'objet suffisent pour que le processus de reconnaissance se mette en route. En sémiotique, l'iconicité caractérise toutes sortes de signes : des images dans lesquelles nous reconnaissons l'objet représenté grâce à la forme, des odeurs qui nous rappellent un objet absent, des mouvements qui grâce à leur rythme font référence à l'expérience d'objets animés, des gestes que nous avons déjà effectués et qui nous rappellent les effets produits.

Le *toucher* sur l'iPad rappelle ainsi potentiellement des expériences faites « hors numérique » : tel est en tout cas le pari de l'« *intuitivité* » largement prônée par le constructeur Apple, exploitée par les concepteurs et éditeurs de livres numériques, et saluée par les lecteurs. L'utilisateur peut par exemple penser au geste ordinaire de la pression sur un bouton de sonnette en manipulant ces icônes. Le *toucher-glisser*, plus lent et continu, peut le faire penser au déplacement de boutons de réglage, mais aussi à la manipulation douce d'un tissu, d'un papier, voire au geste de la caresse. Si le lecteur effectue le *toucher-glisser* sur les icônes du bureau sans aller jusqu'au bout, les icônes reviennent à leur place. Cette élasticité aussi rappelle la vie. La force de rayonnement des unités que nous avons décidé d'appeler « pro-polysensiorielles », provient de l'implication du corps avec le sens du toucher qui se fait ici doux, feutré, intime. Un lecteur fait remarquer : « *On a un rapport différent à l'œuvre, plus proche* ». Un autre se réjouit : « *On peut toucher, c'est malléable* », verbalisant l'interprétant collectif selon lequel la matière numérique serait désormais transformable de façon intuitive, comme dans la « vraie vie ».

Et certes, le lecteur est invité à *agiter* beaucoup son doigt sur la tablette. La malléabilité réelle de la matière numérique reste pourtant un leurre. L'affiliation à la norme de l'homme qui s'agite risque de prendre le pas sur l'homme qui *agit*. Explorateur enchanté en territoire Apple, le lecteur qui se laisse guider par cette « lecture préférentielle » se trouve aliéné non seulement au fonctionnement réel de la machine, mais aux contenus des applications, livres numériques et autres artefacts culturels. « *Comment ton cerveau peut écouter, regarder, toucher et lire en même temps* ? », fait remarquer une participante à nos focus groupes.

3. *Figures « pro-accélératives »*

Une accélération de la pratique se met en œuvre dès l'allumage de l'appareil, car beaucoup de couches de médiation technologique qui avaient caractérisé les interfaces d'ordinateurs, ont sauté. Contrairement à l'ordinateur qui installe le récepteur dans une phase contemplative en chargeant d'abord le système d'exploitation, l'iPad s'allume instantanément. Il n'y a plus de dossier « documents », plus de logiciel à activer : le *toucher* seul suffit. Rien de plus simple ensuite, que de passer rapidement d'une icône à l'autre : jeux, navigateurs, messagerie, livres augmentés et réseaux sociaux sont là, au *toucher* près. L'incitation à diversifier les activités se trame donc toujours en arrière-fond – d'autant plus si le récepteur a autorisé les notifications provenant de la messagerie, des jeux, de Facebook...

Les figures appelées « pro-accélératives » posent alors la question du « capital d'attention » disponible pour une pratique précise, à partir du moment où d'autres pratiques sont non seulement présentes en latence, mais s'invitent en permanence. Un sentiment d'urgence a été souligné dans beaucoup de travaux de recherche sur la lecture numérique dès les années 2000, et donnait à l'époque lieu à une souffrance verbalisée et à des tactiques d'évitement de la part des lecteurs (Jeanneret, Béguin, Cotte *et al.*, 2003, p. 123). Les participants à nos focus groupes ont démontré une affiliation beaucoup plus intériorisée à cette figure de l'homme accéléré. Le manque de temps chronique est un interprétant collectif puissant, qui leur fait accueillir avec « gratitude » les fonctionnalités numériques proposant de « gagner du temps ».

Le sentiment d'urgence est un trait sociétal qui s'enracine certes ailleurs que dans le numérique, dans une accélération permanente du rythme de travail, un raccourcissement des temps de pause, une imposition galopante de logiques marchandes qui poussent à une consommation accélérée de produits de plus en plus programmés pour l'obsolescence. Les dispositifs numériques participent cependant à cette accélération, la relancent même, en satisfaisant l'envie d'accéder vite au contenu, de changer rapidement d'écran, et en suscitant sans cesse l'envie de diversifier les activités.

Accueillant pléthore d'activités différentes, la tablette les interconnecte toutes. Géolocalisée, elle les soumet aussi au traçage, et incite site marchands et autres fournisseurs à proposer des produits situés au plus près des envies du consommateur. Connectée, elle nous rend pertinemment joignables, invite le travail au cœur du loisir, le divertissement au cœur de la contemplation, la consommation au cœur de la lecture. Il faut s'interroger sur les conséquences de l'allant-de-soi de l'homme accéléré incarné dans ces figures dispositives, notamment lorsque la tablette est utilisée dans un cadre scolaire. Non seulement, l'élève doit être capable d'une auto-discipline inouïe pour résister aux injonctions permanentes à diversifier ses activités. À travers le modèle de la « classe inversée », outillée par les dispositifs mobiles prônée par l'Education nationale, l'école s'invite à la maison et, par écran interconnecté, envahit le temps jadis consacré au loisir, au jeu « désinteressé ».

Les figures dispositives modélisant les pratiques de réception accélérées mettent le lecteur sous pression. Le sujet supporte cette pression parce qu'elle répond à des attentes, que le dispositif relance en permanence par ses « lectures préférentielles ». Lorsque le fonctionnement est moins rapide, le récepteur s'impatiente : « C'est numérique mais des fois ça prend du temps. Ce n'est pas aussi rapide qu'on l'imagine », soupire un des lecteurs interrogés, pourtant friand de culture muséale et de lecture de livres : « Au bout de vingt secondes ça me barbe ».

L'attention est un produit de consommation comme un autre. Sa marchandisation est encouragée par le dispositif avant même que le récepteur accède à des contenus, en l'installant dans une ambiance à la fois hypnotisante et harassante, tournée vers la prise en main complète d'un destin numérique qui semble laisser peu de place à la subjectivation.

4. *Figures « pro-ludiques »*

Comme une capture de l'attention sans temps de pause serait insupportable, le dispositif propose des parenthèses ludiques. Un *Game Center* est pré-chargé sur le bureau de l'iPad. Ce ne sont pourtant pas seulement ces applications préchargées, mais aussi certaines figures courantes du bureau qui incitent à pratiquer le dispositif pour lui-même, provoquant potentiellement une jouissance de la manipulation et du surgissement qui fait penser à des activités ludiques « gratuites » (par exemple la manipulation d'un élastique). Le jeu dans le sens d'un amusement sans objectif autre que le divertissement, se trouve spontanément associé à la tablette par grand nombre de lecteurs que nous avons interrogés : « C'est bien de pouvoir faire bouger des images, dans une dimension ludique, je n'attends pas du statique », affirme un lecteur, et un autre renchérit : « J'attends que ce soit amusant ».

Souvent accueillie positivement par les lecteurs et les concepteurs, cette dimension ludique est néanmoins, par quelques acteurs du moins, dénoncée comme une dérive induisant potentiellement des pratiques infantilisantes : « C'est plus des livres, c'est des jeux, l'enfant passe son temps à cliquer sur des formes », affirme un concepteur. Si les figures pro-ludiques du dispositif procurent du plaisir, elles risquent en effet d'empêcher le récepteur de prendre d'autres initiatives, plus impliquantes et engagées.

Autrement dit, si la construction de soi s'opère dans un mouvement d'affiliation à des allants-de-soi comme celui de l'« homme accéléré », cette affiliation impose aussi des pressions fortes qui pourraient, à un moment donné, déboucher sur une *contestation* des normes. Or, le constructeur industriel répond à cette pression en aménageant des zones de décompression qui certes, permettent au sujet de se relâcher par le jeu, mais qui au final ne font que confirmer les normes sociales aux motivations marchandes incarnées dans le dispositif.

5. *Figures « pro-intensives »*

Beaucoup d'éléments du dispositif de lecture iPad invitent à l'accélération des pratiques, à une manipulation aussi spectaculaire que ludique, confortant le récepteur dans ses habitudes de sujet pressé mais avide de pauses divertissantes, mélangeant activités professionnelles et récréatives, créatives et communicationnelles. Pourquoi les éditeurs comme la Réunion des Musées Nationaux, ou publie.net spécialisé dans la publication d'œuvres de littérature contemporaine, ont-ils alors décidé d'investir quand même la tablette pour diffuser leurs contenus culturels ? Et pourquoi l'Éducation nationale a-t-elle décidé d'équiper un grand nombre de classes de ce dispositif? Est-ce là un paradoxe ?

Pas forcément. D'une part, certains concepteurs, éditeurs et lecteurs voient dans les contraintes imposées par le dispositif une possibilité de « libérer le livre », de le « réinventer ». D'autre part, certaines figures dispositives de la tablette semblent, malgré tout, favoriser la lecture concentrée et intensive longtemps considérée comme incompatible avec le numérique. Disparaissent par exemple, sur l'écran de tablette, tous les indices qui révèlent la nature technologique des contenus : le curseur, parfois même les menus et les barres de navigation. Dans le modèle « standard » de la tablette iPad, la superposition de plusieurs fenêtres ouvertes sur le bureau est également impossible. Loin de regretter ces disparitions, certains éditeurs-concepteurs comme la Réunion des musées nationaux valorisent cette configuration de l'iPad parce qu'elle redirige l'attention du lecteur des paratextes technologiques (considérés comme négligeables) vers les contenus culturels.

Si cette modélisation de pratiques intensives subvertit potentiellement l'accélération et la spectacularisation et constitue une lecture préférentielle alternative à la capture d'attention et à sa marchandisation immédiate, elle est cependant fondée sur un leurre concernant la transparence du dispositif de lecture. Un champ de tensions se crée alors dès que le dispositif rappelle sa nature : non seulement l'iPad peut s'éteindre quand la batterie est épuisée, faisant disparaître textes et images en un clin d'œil. Alors que l'iPad a été mis en vente seulement en 2010, certaines applications s'avèrent déjà incompatibles avec la version 1. Les pratiques de lecture intensives modélisées par le dispositif ne sont donc pas fondées sur des matérialités pérennes. Cette labilité met au défi les habitudes et attentes des grands lecteurs comme de certains concepteurs et éditeurs, et provoque parfois un rejet, parfois la revendication de plus de transparence et de liberté, et parfois des pratiques de détournement.

Conclusion

Traversé par des aspirations paradoxales qui s'incarnent dans des unités dispositives invitant là au spectacle et aux explorations polysensorielles, là au jeu, là aux pratiques de lecture intensives, le pouvoir du constructeur Apple peut s'avérer aussi aliénant qu'encapacitant, incarnant par excellence les enjeux d'un « capitalisme paradoxant » (Gaulejac et Hanique, 2015, p. 118-119) : « Les paradoxes ouvrent un champ des possibles qui oblige à inventer, innover, choisir sur des objectifs bien précis, tout en fermant les possibilités de créativité, en canalisant les innovations et les choix... L'emprise est globale, mais non totalitaire ». D'une part, Apple contraint les pratiques en imposant des schémas technologiques à la conception. D'autre part,

Apple met à disposition des concepteurs un savoir-faire incarné dans les outils, encourage de nouvelles pratiques en offrant un cadre rassurant. Certains concepteurs, à la recherche de solutions techniques et de modèles éditoriaux rationalisables, veulent donc bien de cette « mise à disposition », ou disons qu'ils rentrent avec celle-ci dans un processus de négociation où les savoirs « offerts » et les contraintes « imposées » sont pondérés.

Aux lecteurs, l'entreprise impose de même un cadrage des pratiques. Les récepteurs sont sensibles aux dimensions spectaculaires et polysensorielles qui s'offrent sur l'écran de tablette. Ils ne sont pas pour autant systématiquement dupes des stratégies de pouvoir qui structurent cette « mise à disposition », perçoivent bien le caractère idéologique de certaines lectures préférentielles. Néanmoins, ces modélisations fournissent des savoirs, technologiques et culturels, qui correspondent à des modes de vie considérés comme actuels, souhaitables, inévitables, et se trouvent donc acceptées – ou disons, là aussi, que les acteurs entrent avec elles dans un processus de négociation. Comme l'exprime encore Vincent de Gaulejac et Fabienne Hanique (44) : « Ces nouvelles technologies engendrent à la fois plus d'autonomie et plus de dépendance, plus de liberté et plus de contrainte, plus de facilité et plus de complexité, plus d'opportunités et plus de difficultés, plus de transparence et plus d'opacité », et les récepteurs essaient de *faire avec* ces paradoxes.

Le sujet est donc certes pris dans les dispositifs : dépendance qui s'incarne dans des pratiques d'appropriation, voire d'adhésion. En augmentant la pression exercée par les cadres et les routines, cette domination peut pourtant aussi provoquer de la résistance – résistance qui va du détournement des « lectures préférentielles » jusqu'au refus violent de celles-ci. Il me semble important, en guise de conclusion, de rendre sensible ce champ de tension ouvert entre soumission et subjectivation, affiliation et différenciation.

Dans un cadre scolaire notamment, il s'agira donc à la fois de comprendre que le dispositif tablette peut, à certains moments, soutenir un désir d'affiliation à certaines normes sociales considérées comme incontournables, et procurer des promesses de savoir et de bonheur. En même temps, il est indispensable d'analyser avec les apprenants comment ces normes sont incarnées dans le dispositif et formatent les pratiques, afin de susciter le désir de pensée et de liberté nécessaires pour sortir des cadres préconçus, se mettre soi-même à l'épreuve et affirmer sa singularité.

Bibliographie

Adorno Theodor W. et Horkheimer Max, *Kulturindustrie*, trad. Kaufholz E., Paris, Aléa, 2015.

Boutaud Jean-Jacques et Veron Eliseo, *Sémiotique ouverte*, Paris, Hermès, 2007.

Eco Umberto, *Les limites de l'interprétation*, Paris, Grasset, 1992.

— *Trattato di semiotica generale*, Milan, Bompiani, 1975, trad. Castellani A. dans « Un apport sémiotique aux approches critiques de la communication. Notes sémio-rhétoriques sur le discours environnementaliste et sur la critique on-line du green-washing », in Heller T., Huet R. et Vidaillet B., *Communication et organisation : perspectives critiques*, Lille, Presses du Septentrion, 2013, p. 205-214.

Foucault Michel, *Dits et écrits*, III, 1976-1979, Paris, Gallimard, 1994.

Gaulejac Vincent de et Hanique Fabienne, *Le Capitalisme paradoxant. Un système qui rend fou*, Paris, Seuil, 2015.

Hall Suart, « Codage/décodage », in Glevarec H., Maigret E. et Macé E., *Cultural Studies. Anthologie*, Paris, Armand Colin, 2008, p. 25-40.

Jeanneret Yves, Béguin Annette, Cotte Dominique, Labelle Sarah, Perrier Valérie, Quinton Philippe et Souchier, Emmanuël (2003). « Formes observables, représentations et appropriation du texte de réseau », in Souchier E., Jeanneret Y. et Le Marec J., *Lire, écrire, récrire. Objets, signes et pratiques des médias informatisés*, Paris, BPI, 2003, p. 91-158.

Kittler Friedrich, *Mode protégé*, éd. Guez E. et Vargoz F., Dijon, Les Presses du réel et Labex Arts-H2H, Petite collection Arts-H2H, 2015.

Klinkenberg Jean-Marie, *Précis de sémiotique générale*, Bruxelles, De Boeck Université, 1996.

Marty Robert, « Qu'est-ce qu'un interprétant ? », < http://perso.numericable.fr/robert.marty/semiotique/s039.htm> (consulté le 13 juin 2016).

Morley David, « La réception des travaux sur la réception. Retour sur Le public de Nationwide », in Glevarec H., Maigret E. et Macé E., *Cultural Studies. Anthologie*, Paris, Armand Colin, 2008, p. 154-170.

Pierce Charles Sanders, *Collected papers of C. S. Pierce*, vol. 1-6 édités par C. Hartshorne et P. Weiss, vol. 7-8 édités par A.W. Burks, Cambridge, 1931-1958.

Saemmer Alexandra, *Matières textuelles sur support numérique*, Saint-Étienne, Publications de l'Université de Saint-Étienne, 2007.

Saemmer Alexandra, *Rhétorique du texte numérique*, Lyon, Presses de l'ENSSIB, 2015.

Thibaud Pierre, « La notion piercéenne d'interprétant », *Dialectica* 37, n° 1, 1983, p. 3-33.

PARTIE II

AFFILIATIONS ET ACTIVITÉS NUMÉRIQUES

IV

Reconfigurations de l'affiliation partisane au prisme du numérique

par Anaïs Theviot

Adhérer à un parti politique est un acte symbolique fort. Il s'agit de se rattacher, de « faire corps », de s'affilier à une famille politique. Dans les partis de gauche, les adhérents insistent sur les liens noués entre les partisans, devenus des « camarades » suite à la prise de carte. Cette affiliation, pensée comme un « attachement corps et âme » (Ion, 1997 : 81) au parti, a été remise en cause ces dernières années par la montée en puissance de l'individualisme et le développement de nouvelles revendications post-matérialistes (Touraine, 1977), centrées sur la qualité de vie, les identités, etc. Dans les années 1970-1980, le développement du courant des « Nouveaux Mouvemententent Sociaux » a contribué à diffuser cette approche, pourtant vivement critiquée.

La place grandissante prise par Internet dans les campagnes électorales françaises (Theviot, 2014) renouvelle les questionnements autour de « nouvelles » formes de militantisme et d'affiliation partisanes (Lilian, 2008). La possibilité d'adhérer à un parti politique sur Internet introduit-elle des reconfigurations dans la symbolique de l'acte d'adhésion ? Il est possible aussi de s'interroger sur les phases de déprise, de désaffiliations partisanes. Militer en ligne peut être considéré comme une forme de reconversion, une réponse à un « moment critique » (Strauss, 1992) dans la trajectoire des adhérents. Pour prévenir d'éventuels désengagements, les organisations y opposent des freins divers, notamment la menace de la suppression de toutes les formes de rétributions (Gaxie, 2005) auxquelles l'individu engagé avait droit, notamment le sentiment d'appartenir à un collectif. La montée en puissance des réseaux sociaux permet-elle de diminuer les freins apposés à la défection ?

Pour répondre à ces interrogations sur la fluctuation des facteurs d'affiliation ou de désaffiliation partisane au prisme du numérique, nous nous appuyons sur l'analyse d'une quarantaine d'entretiens avec des (ex-) adhérents du Parti Socialiste (PS) et de l'Union pour un Mouvement Populaire (UMP), ainsi que l'exploitation de 1 000 réponses obtenues *via* un questionnaire adressé aux adhérents du PS et de l'UMP des Fédérations de Gironde, Paris et Alpes-Maritimes, portant sur leur militantisme en ligne et hors ligne.

Nous verrons que le numérique réduit les freins à l'affiliation partisane, en abaissant les représentations symboliques de l'acte d'adhésion : il est finalement possible d'adhérer en un clic. Et dans le même temps, les réseaux sociaux diminuent les contraintes de la défection, en permettant aux militants de conserver des liens avec leurs « camarades », même sans être affiliés au parti.

I. Ce que change le web dans l'affiliation partisane

De manière schématique, trois types de facteurs individuels, souvent concomitants, peuvent être mis au jour dans les discours des enquêtés comme motifs d'engagement politique : les réseaux relationnels (rencontres, socialisations, etc.), le système de dispositions durables (lié aux capitaux sociaux, culturels et économiques de l'individu, repérés notamment *via* son profil sociodémographique) et la volonté de l'individu qui prend en compte la double contrainte des dispositions et des réseaux relationnels. La possibilité d'adhérer à un parti politique sur Internet introduit-elle des reconfigurations dans les facteurs d'affiliation partisane ?

Notre étude montre que la spécificité du numérique ouvre la première catégorie en permettant à tous les internautes de disposer d'un réseau relationnel démultiplié.

Le numérique complète le principe de socialisation primaire par des réseaux proches, en offrant ce que M. Andrews (1991) qualifie de « stimuli intellectuels » (ouvrages, films, éducation informelle, etc.). L'accès facile à l'information politique en ligne décloisonne *a priori* les réseaux de socialisation politique. En période de campagne, les adhérents cherchent à toucher le maximum d'électeurs. La diffusion de l'information au sein des réseaux socio-numériques ouverts est perçue comme un moyen d'élargir le profil des personnes contactées.

Le développement du numérique qui permet la circulation des idées politiques en ligne peut amener certains internautes, déjà sensibilisés, à s'intéresser davantage au politique. Lors des entretiens, certains cyber-militants PS et UMP (repérés suite à l'analyse de notre questionnaire[1]) mettent en avant le rôle que les TIC semblent avoir joué dans leur adhésion à un parti politique. Ils les voient comme un « déclencheur ». Un blogueur socialiste, Didier explique que sa pratique intense des jeux en réseaux, lui a donné accès à une communauté en ligne. Celle-ci étant politisée, il a été rapidement sensibilisé par ses membres au politique, à travers notamment des débats en ligne : « Avant on faisait beaucoup de jeux de rôle, donc ce qui permettait de bien lâcher la bride et de raconter beaucoup de conneries et parfois on parlait de politique. [...] Et l'engagement est venu après[2] ». Ces discussions quotidiennes sur des sujets variés ont éveillé son goût pour les débats politiques. Par la suite, il a participé à des forums dédiés aux commentaires politiques. Puis, il a ouvert son propre blog politique afin de prendre part en ligne à l'effervescence du débat politique. Ce dernier a tardivement adhéré à un parti politique. Son père, ex-adhérent du PS, semble lui avoir transmis ses désillusions concernant l'engagement partisan. C'est uniquement lorsque Didier eut le sentiment d'avoir épuisé les discussions politiques en ligne qu'il a souhaité adhérer pour débattre avec d'autres militants. La socialisation numérique peut ainsi réveiller une socialisation politique contrariée, voire conduire à une adhésion partisane.

Par ailleurs, la personnalisation du jeu politique influe sur l'enrôlement : dans les discours des adhérents, certains justifient leurs prises de carte par leur volonté de soutenir leur favori[3]. Lors de son arrivée

1. Les questionnaires étaient sur le principe anonymes, mais les enquêtés qui souhaitaient être recontactés suite à l'étude pour un entretien pouvait nous communiquer leurs coordonnées.

2. Didier (anonymisé), blogueur de gauche, militant en ligne, ex-adhérent du PS. Entretien du 6 janvier 2013.

3. Dans la même logique, la défection peut subvenir lorsque l'adhérent a été déçu par une personnalité politique ou que celle-ci se retire de la compétition politique (s'ajoutant simultanément à d'autres facteurs explicatifs). Certains anciens adhérents socialistes ont par exemple expliqué ne pas avoir repris leur carte suite au départ de L. Jospin en 2002.

à la tête de l'UMP en 2004, N. Sarkozy a également joué sur l'enrôlement de nouvelles recrues afin de fonder un parti le soutenant à sa base (pour évincer la domination des chiraquiens encore prégnante en 2004). Les nouveaux adhérents UMP sont 78 % à avoir adhéré « pour la personnalité et le discours de N. Sarkozy[4] ». Ce type de motifs déclarés d'adhésion a été, de même, circonstanciellement fort lors du vote des primaires au PS pour désigner le candidat à l'élection présidentielle de 2007. De nombreux « nouveaux » adhérents ont pris leur carte afin de soutenir S. Royal qui se présentait alors comme un renouvellement au sein des instances dirigeantes socialistes.

> Pourquoi je ne me suis pas engagé avant? J'ai toujours été intéressé par la politique. J'ai toujours parlé politique. Mais avant 2007, si tu veux, ce qui avait comme candidat... Voilà, c'est ça... Ségolène, moi je suis venu au PS pour Ségolène. Et après j'étais plutôt réfractaire à Ségolène quand elle est devenue jusqu'au-boutiste. DSK, ce n'était pas ma tasse de thé. Et avant Ségolène, c'était la période Jospin et je ne m'y reconnaissais pas. Je suivais l'actualité politique. J'étais d'accord ou pas d'accord. J'étais super sympathisant si tu veux. Mais ce n'était pas le discours politique qui me convenait. Et le discours de Ségolène en 2007 me convenait. Donc j'y suis allé. Et là, j'y suis retourné parce que le discours de Hollande me convenait. C'est un rapport sincère que j'ai à la politique[5].

Des rencontres sur les marchés lors de tractage, au sein d'une réunion publique peuvent marquer un individu et compléter son faisceau de facteurs d'adhésion. À l'UMP et au PS, la description du charisme d'une personnalité politique est récurrente dans les discours des militants afin de justifier leur adhésion. L'individu s'engage pour marquer son affiliation, non pas au parti, mais à une personnalité politique[6].

---

4. « Les nouveaux adhérents de l'UMP », enquête IPSOS, réalisée les 21 et 22 septembre 2005 (échantillon de 604 nouveaux adhérents, méthode des quotas, entretien par téléphone).

5. Medhi, adhérent PS, Fédération de Paris, membre de l'équipe web de F. Hollande en 2012. Entretien du 2 mars 2012.

6. La figure du maire est régulièrement mobilisée dans cette affiliation, présentant un rapport (fantasmé) quasi-personnel avec le responsable politique. Par exemple, dans notre enquête au sein de la Fédération de Gironde, plusieurs interviewés ont expliqué le lien entre leur adhésion et leur volonté de soutenir A. Juppé, maire de Bordeaux.

La rencontre comme facteur d'adhésion à un parti politique, peut être virtuelle et s'avère ainsi facilitée par Internet.

> Internet, c'est plus direct. Ça vient à nous. En surfant sur le Net, j'ai pu écouter, un peu par hasard, le discours de Barack Obama et j'ai eu des frissons. Ça m'a donné envie d'aller voir ce que disait Nicolas Sarkozy. J'étais admirative. J'ai ensuite voulu rencontrer d'autres personnes qui avaient la même impression que moi[7].

Sur les sites Internet des partis politiques, il est aussi possible d'adhérer en ligne, d'un simple clic. Le site du parti cherche à séduire[8] l'internaute en valorisant l'acte d'adhésion[9]. Face à la baisse des effectifs, le PS a proposé une adhésion sur Internet à vingt euros, dans la perspective des primaires de 2006. Prendre sa carte en un clic a pu contribuer à ouvrir les portes du parti à une masse de nouveaux adhérents en diminuant les coûts (notamment matériels, mais aussi psychologiques) d'entrée. Mais cela peut s'avérer dangereux pour l'individu qui n'est pas familiarisé avec le milieu partisan, surtout lorsque celui-ci n'est pas le bienvenu. En effet, les « adhérents à vingt euros » ont dû se confronter au mécontentement local des membres bien implantés dans la section car leurs arrivées étaient susceptibles de bousculer les équilibres internes. O. Fillieule a souligné cette emprise des anciens adhérents sur le fonctionnement de l'institution partisane : « Face à l'afflux de nouveaux entrants, les militants de longue date peuvent, par divers moyens, volontaires ou pas, 'verrouiller'les groupements et rendre difficile l'organisation des nouveaux » (Fillieule, 2005 : 37).

> Je faisais partie des adhérents à vingt euros, ça m'a aidé à adhérer. Mais le problème après, c'est qu'on a été mal reçu. Alors, je me souviens, quand on

7. Laurie (anonymisé), 17 ans, adhérente UMP, Fédération de Paris. Entretien de groupe (avec sept adhérents UMP de la dixième circonscription) du 7 juin 2012.

8. Birgitta Orfali (2012), dans son étude comparative sur l'adhésion aux partis d'extrême droite, souligne que « l'adhésion découle d'un processus de séduction » et s'appuie sur des motivations psychologiques.

9. Pour l'élection présidentielle de 2012, l'UMP propose comme slogan à l'adhésion « La France mérite votre engagement » et indique que l'adhésion, comme pour les dons, donne droit à une réduction d'impôts sur le revenu de 66 % de leur montant. Il s'agit à la fois de « travailler » l'internaute sur ses « valeurs » et de l'inciter par un stimulus financier à l'adhésion.

> est arrivé la première fois, il n'y avait pas de remise de carte, pas de présentation. Tu arrivais en tant que *lambda*, déjà que tu ne connaissais rien à la politique, à la vie d'une section. Tu te retrouves tout seul. C'est très difficile d'y aller parce que tu ne connais personne. Je me suis retrouvé au fond de la salle avec des gens qui parlaient devant. Je ne savais pas pourquoi ils parlaient de ces sujets-là. Personne ne te parle. Je suis rentré à la maison et j'étais un peu dégoûté. Si c'est ça la politique, si c'est ça un parti[10]...

Au niveau *meso* des organisations, il existe des logiques de recrutement internes à l'échelle locale qui entrent notamment dans les jeux de courants. Ainsi, l'institution partisane, incarnée par ses membres, participe à la sélection en incitant ou rejetant certains profils d'adhérents, notamment en les marginalisant et en ne les socialisant pas au groupe.

> Le constat que l'engagement dans des activités militantes est le produit d'un ajustement entre la demande et l'offre de militantisme. Cette offre ne se réduit pas à la diversité des causes disponibles à un moment donné. Elle renvoie aussi à la manière dont les groupements sollicitent ou découragent les engagements au moyen de leur image publique et d'un ensemble d'outils de sélection constituant autant de barrières à l'entrée ou de filtres propres à orienter les impétrants vers la sortie, vers tels ou tels rôles plutôt que tels autres. (Fillieule *et al.*, 2013, p. 88.)

L'entrée dans le milieu politique peut en effet être vécue comme une épreuve par certains adhérents qui ont dû passer des « quasi-interrogatoires » pour prouver leur bonne foi militante. Ces techniques de recrutement s'avèrent déconcertantes pour les profanes de la chose politique et peuvent les en éloigner définitivement[11]. L'extrait d'entretien suivant illustre les barrières à l'entrée, maintenues par les adhérents eux-mêmes. Comme s'il fallait avant même de prendre

---

10. Medhi, adhérent PS, Fédération de Paris, membre de l'équipe web de F. Hollande en 2012. Entretien du 2 mars 2012.

11. À l'inverse, certains travaux (Kanter, 1968) soulignent que plus l'individu rencontre des difficultés pour entrer dans l'organisation militante, plus il sera attaché à elle et le coût de défection sera élevé. En somme, faire subir un bizutage à l'entrée revient à prévenir un éventuel désengagement ; encore faut-il que l'individu souhaitant s'engager parvienne à franchir cette barrière à l'entrée.

sa carte, faire ses preuves et jurer fidélité au parti. Cet entretien de culture générale, préalable à l'adhésion, sorte de « bizutage » à l'entrée, participe à l'exclusion[12] des adhérents moins dotés en capital culturel (Bourdieu, 1979).

> J'ai fait, pour tout dire, une tentative ratée. À un moment, il y avait quand même des choses qui s'exprimaient en moi, je me suis dit : 'je vais aller au Parti Socialiste'. Et pour tout dire, j'ai fait une rencontre au Parti Socialiste, qui m'a dit, qui m'a fait comprendre que jamais je n'irai au Parti Socialiste. C'était en 2001 je crois, un an avant, et je me suis dit peut-être que je peux être simple adhérent, au moins voir les infos. Et là, à l'époque, c'était le trésorier de la section qui dépendait de mon domicile qui me reçoit chez lui. Je crois que la méthode était assez particulière. Il me fait passer un 'grand O quoi' : 'alors, qu'est-ce que tu penses de la faim dans le monde? Etc. Euh, et puis finalement je suis parti et je me suis dit : 'la politique ce n'est pas fait pour moi[13].

Contraint de passer un « grand O[14] » pour valider son adhésion, cet enquêté a finalement rompu pendant plusieurs années avec le milieu partisan, avant d'y revenir, capté par le militantisme en ligne et y a finalement fait *carrière*. À l'UMP, il n'a pas été narré de tels rites de passage au moment de l'adhésion au parti. Celle-ci semble plus souple qu'au PS[15]. Connaître l'histoire du parti est souvent évoqué comme

---

12. Cette barrière à l'entrée fondée sur une éducation préalable rompt avec les idéaux socialistes « d'élévation » de membres de couches populaires *via* l'intégration à un collectif partisan qui leur permettrait d'acquérir des ressources et connaissances. L'enquêté est issu d'un milieu populaire (père : chauffeur de bus) et ces barrières imposées à l'entrée souligne la difficulté pour le PS de recruter des personnes issues de milieux moins pourvus des ressources nécessaires au métier politique.

13. Matthias (anonymisé), adhérent PS, Fédération de Gironde, conseiller national du PS. Entretien du 16 février 2012.

14. L'enquêté fait référence à la traditionnelle épreuve orale de culture générale (Grand Oral) pour l'obtention du diplôme de Sciences Po, inscrite dans la tradition de ce type de Grande Ecole.

15. Connaître l'histoire du parti est souvent évoqué comme critère (qui se délite) par les adhérents du PS ce qui peut entraîner des dispositifs de fermeture à l'adhésion. Ce critère discriminant comme préalable à l'adhésion n'est pas évoqué dans les entretiens effectués avec les adhérents UMP ; si ce n'est pour regretter que les « nouveaux » adhérents soient dépourvus de connaissances sur les partis qui, en fusionnant, ont donné naissance à l'UMP. Ils craignent une perte d'identité idéologique de l'UMP

critère (qui se délite) par les adhérents du PS, ce qui peut entraîner des dispositifs de fermeture à l'adhésion. Ce critère discriminant comme préalable à l'adhésion n'est pas cité dans les entretiens effectués avec les adhérents UMP, si ce n'est pour regretter que les « nouveaux » adhérents soient dépourvus de connaissances sur les partis qui, en fusionnant, ont donné naissance à l'UMP. Ils craignent une perte d'identité idéologique de l'UMP (et pour certains une radicalisation idéologique) par manque de connaissances des « nouveaux » adhérents sur l'épaisseur historique des partis de droite.

L'affiliation partisane est facilitée en ligne, mais encore faut-il qu'elle soit renouvelée l'année suivante. Les difficultés pour se conformer au rôle prescrit, s'adapter aux règles et normes de l'institution partisane, en prise avec ses propres logiques internes de recrutement, peuvent conduire à une adhésion très ponctuelle. Cette arrivée non durable de nouveaux adhérents sensibilisés par le numérique ne contribue que faiblement à modifier l'assise sociologique des membres (arrivée de jeunes) et à renforcer l'activisme en ligne au sein du parti.

II. Une désaffiliation facilitée par l'essor des réseaux sociaux

La sociologie du militantisme s'est en premier lieu cantonnée à l'étude de l'entrée en politique, sans s'intéresser à la sortie et même au maintien de l'engagement[16].

L'institution partisane cherche à renforcer le coût de la défection ; coût (variable) qui peut amener l'adhérent à toujours reporter sa possible désaffiliation : « Je n'ai rien à ajouter sur mon engagement. Ah, si : ça m'est arrivé, à plusieurs reprises, de me demander si je ne devrais pas quitter le PS, sans jamais sauter le pas[17] ». Pour prévenir d'éventuels désengagements, les organisations y opposent des freins

---

par manque de connaissances des « nouveaux » adhérents sur l'épaisseur historique des partis de droite.

16. Il a fallu attendre les années 1960 pour que des questionnements sur le devenir des étudiants contestataires mettent l'accent sur les flux et reflux de l'engagement politique (Demerath *et al.*, 1971).

17. Adhérente PS, Fédération des Alpes Maritimes. Réponse à la dernière question ouverte du questionnaire : « Si vous voulez ajouter quelque chose sur votre engagement, oui si vous avez des commentaires sur ce questionnaire, n'hésitez pas à le faire ».

divers, notamment la menace de la suppression de toutes les formes de rétributions auxquelles l'individu engagé avait droit :

> Le coût psychique ou matériel de la défection, et donc sa probabilité, [est] redevable de plusieurs facteurs parmi lesquels on mentionnera l'étendue des sacrifices consentis pour entrer dans le groupe (rites d'initiation, mises à l'épreuve, hiérarchisation et cloisonnement des collectifs), la socialisation plus ou moins forte au sein du groupe qui se traduit notamment par le renforcement de l'attachement émotionnel, lequel varie en fonction du degré de renonciation aux relations sociales extérieures au groupe (réseaux familiaux et amicaux), les règles enfin qui président à la défection, quelquefois rendue impossible par la dépendance matérielle ou la menace d'être pourchassé comme traître. (Bennani-Chraibi et Fillieule, 2003, p. 123.)

Arrivés au parti avec des idéaux, les adhérents sont, au cours du temps et des échecs électoraux, confrontés à un principe de réalité et doivent renégocier leurs croyances à la baisse. Cet effritement des croyances conduit à une remise en cause du coût de l'engagement.

> À l'origine, je voulais 'refaire le monde'. Je suis militant de 2002, après le cataclysme présidentiel. Je voulais voir de l'intérieur comment fonctionnait un parti et comment on pouvait peser dessus. J'en suis revenu. Je suis maintenant un simple observateur qui donne un coup de main de temps en temps lorsqu'il faut modifier un site internet ou distribuer des tracts[18].
> J'y suis resté jusqu'en 2009 [au PS]. J'ai fondé, entre-temps, début 2008, le pôle écologique du Parti Socialiste au niveau national avec des sénateurs, des députés, voilà. Et puis, je suis arrivé à un constat qu'il y avait une espèce d'essoufflement du Parti Socialiste et un problème de renouvellement, un problème de remise en question… Je me sentais plus vraiment utile là[19].

Les désillusions auxquelles l'adhérent est confronté lorsqu'il pénètre dans les coulisses de l'organisation partisane peuvent le décourager à renouveler sa carte. Ainsi, les adhérents socialistes ont-ils été marqués par plusieurs congrès, mettant au jour les querelles internes, voire les « magouilles » visant à remporter la compétition politique : « Il y a

18. Paul (anonymisé), adhérent PS, Fédération de Paris. Entretien du 27 mai 2011.
19. Fabrice, adhérent PS, Fédération de Gironde de 2002 à 2009, puis adhérent Europe Ecologie-Les Verts. Entretien du 17 février 2012.

certaines sections dont on ne voit jamais les militants, mais dont les scores et les taux de participation sont albanais : cent inscrits, cent votants, cent bulletins favorables[20] ». L'exemple du congrès de Reims revient régulièrement dans les récits des déçus du PS[21].

Avec l'essor des réseaux sociaux, certains militants n'hésitent plus à se désaffilier du parti. Désormais, ils peuvent en effet conserver des liens en ligne avec leurs camarades adhérents. La rupture entre la phase d'affiliation et celle d'abandon de la carte est moins sévère. Les travaux de F. Dupuis-Deri (2004) ont souligné la difficulté pour les ex-militants de conserver les amis rencontrés au cours d'expériences militantes communes, mais celle-ci semble remise en cause avec le développement des réseaux sociaux. Selon Etienne, ex-militant socialiste, le militantisme sur les réseaux sociaux est adapté pour continuer à s'engager sans être affilié à un parti et conserver une disponibilité pour s'investir dans son rôle de père et développer sa carrière professionnelle. En s'exprimant sur Facebook, il retrouve le débat d'idées qui n'était, pour lui, plus présent en section.

> Je lis la presse sur Internet et c'est facile de la partager en cliquant. Et c'est là où je retrouve l'ensemble des gens avec qui j'ai pu militer. De temps en temps, je poste des points de vue sur Facebook, des écrits. Je n'ai plus la disponibilité pour la vie militante. Et je la trouve d'une telle pauvreté... Il n'y a pas de débat. Ce sont des succursales de contrôle de la machine électorale. Quand on n'a pas pour objectif de candidater, les débats s'avèrent pauvres

---

20. Extrait d'un entretien avec un adhérent PS de la Fédération de l'Hérault ; cité par Revault D'Allones David (2010).

21. Le congrès de Reims s'est tenu du 14 au 16 novembre 2008. Son objectif principal est d'élire le successeur de F. Hollande à la tête du parti. L'écart de voix au second tour est si restreint que son dépouillement est tendu et des soupçons de tricherie sont mis en avant, notamment en interne par les militants, puis relayés par les médias. Le conseil national du PS valide, le 25 novembre 2008, l'élection de M. Aubry avec 102 voix d'avance sur sa concurrente S. Royal, soit 50,04 % des suffrages exprimés. Cette défaite est perçue par les partisans de S. Royal comme un traumatisme ce qui conduit, certains d'entre eux, à ne pas renouveler leurs cartes : « Je ne suis plus adhérent au PS depuis le second tour de l'élection du premier secrétaire du PS. Le bourrage d'urne me fait vomir. Ce n'était pas le cas dans ma section de Nice ». Pascal, (anonymisé), ancien adhérent du PS, Fédération des Alpes Maritimes. Entretien du 8 décembre 2011.

très, très vite. C'est le constat du désarroi militant. Pour agir vraiment, c'est pas forcément là[22].

L'introduction du numérique dans l'activité militante offre la possibilité aux sympathisants – et donc aussi aux ex-adhérents – d'agir en ligne, sans pour autant s'inscrire dans les logiques institutionnelles internes au parti. L'activisme en ligne permet en effet de déterritorialiser en partie le militantisme, et de le déconnecter, dans une certaine mesure[23], des hiérarchies internes à l'organisation.

Là où il fallait hiérarchiser pour être efficace, ce n'est plus nécessaire. Le militant peut plus facilement s'investir ponctuellement ou se spécialiser dans son engagement, sans être bloqué par une inertie hiérarchique. Parce que cette militance permet de dépasser les problèmes de localisation d'une part et de ne pas se laisser enfermer par la hiérarchie de l'appareil, d'autre part. Ça réduit ou abolit toutes ces distances, y compris avec le 'grand public'. Et quantitativement, l'augmentation de l'information et des échanges y est exponentielle[24].

Le numérique propose des formes plus souples d'activisme, ne demandant pas forcément un rattachement institutionnel et permet de renouveler la croyance au politique, mais dans une vision de l'engagement plus distancié pour ces déçus de l'institution. Certains ex-adhérents en arrivent même à reprendre leur carte suite à un investissement fort sur la Toile.

Conclusion

Les militants négocient sur un temps long les contours de leur engagement politique et les formes que ce dernier prend dans l'action et l'attachement institutionnel, mais aussi par rapport à des éléments plus contextuels, liés à leurs situations personnelles et professionnelles.

---

22. Etienne (anonymisé), ex-adhérent PS, Fédération de Gironde. Entretien du 24 février 2012.

23. Les univers virtuels ne sont pas dépourvus de hiérarchies ; ce que montrent les travaux sur les rôles établis dans le domaine des logiciels libres (Demazière *et al.*, 2009).

24. Paul (anonymisé), adhérent PS, Fédération de Paris. Entretien du 27 mai 2011.

Le numérique participe à cette négociation permanente de l'affiliation partisane, en offrant aux individus la possibilité de prendre part à une activité militante, de se retrouver dans un collectif (communautés en ligne, parfois plus imaginées que réelles), sans pour autant adhérer à un parti et abaisse ainsi les coûts de la défection. Porter le regard sur l'usage du web en politique permet de souligner des phénomènes multiples d'hybridations et de brouillages des frontières partisanes, notamment entre adhérents et non-adhérents qui continuent à militer en ligne. La dichotomie entre adhérents, militants, sympathisants semblent de plus en plus poreuse[25] et se traduit dans les instances du parti par l'instauration par exemple de « primaires ouvertes » (Lefebvre, 2011) ou de la mise en scène sur Internet de l'engagement des sympathisants.

Les ex-adhérents déçus, revigorés par l'activisme en ligne, subissent parfois une seconde déception, confrontés à l'encadrement de la parole en ligne exercé par le parti et par les adhérents eux-mêmes. L'expression partisane est en effet contrôlée sur la Toile et ne permet pas une activité militante aussi souple qu'on pourrait le penser *a priori*, notamment en période de campagne électorale. Ainsi, le cyber-militant qui s'autorise sur son compte Facebook à discuter les idées de son favori est souvent pointé du doigt par ses « amis » adhérents qui considèrent que ces prises de position négatives n'ont pas leur place en période de campagne. La parole engagée même sur Facebook, est donc soumise à l'appréciation de ses « amilitants ». La volonté de donner l'image d'un parti uni autour d'un candidat transforme l'adhérent en « supporter » qui doit « se taire » ou « faire taire » ses camarades. Le contrôle peut ainsi s'exercer au-delà même du fait d'être encarté ou non car en continuant de militer en ligne avec leurs anciens camarades, l'ex-adhérent reste bel et bien affilié au parti. Leur militantisme en ligne se dégage alors progressivement des espaces partisans.

---

25. D. L. Seiler propose de « regrouper sympathisants et adhérents en une catégorie unique, les 'partisans'. C'est-à-dire « des individus qui disposent d'un sentiment de compétence politique et de la maîtrise d'un langage – au sens de Gaxie. Ils s'identifient à un parti et n'hésitent pas à affirmer leur préférence en public » (Seiler, 2000 :88).

Bibliographie

Andrews Molly, *Lifetimes of Commitment : Aging, Politics, Psychology*, Cambridge University Press, Cambridge, 1991.

Bennani-Chraibi Mounia et Fillieule Olivier, *Résistances et protestations dans les sociétés musulmanes*, Paris, Presses de Sciences Po, 2003.

Bourdieu Pierre, « Les trois états du capital culturel », *Actes de la recherche en sciences sociales*, n° 30, 1979, p. 3-6.

Demazière Didier, Horn François, et Zune Marc, « Sociabilité et contrôle social dans les collectifs de développement de logiciels libres », in Nicourd S., *Le travail militant,* Rennes, PUR, 2009, p. 117-126.

Demerath Nelson J., Marwell Gérard et Aiken Marc T., *Dynamics of Idealism*, San Francisco (Calif.), Jossey-Bass, 1971.

Dupuis-Deri Francis, « Penser l'action directe des Black Blocs », *Politix*, n° 17, 2004, p. 79-109.

Fillieule Olivier, Mathieu Lilian et Péchu Cécile, *Dictionnaires des mouvements sociaux*, « carrière », Presses de Sciences Po, 2013.

Fillieule Olivier, « Temps biographiques, temps social et variabilité des rétributions », in Fillieule O., *Le désengagement militant*, Paris, Belin, 2005, p. 17-47.

Gaxie Daniel, « Rétributions du militantisme et paradoxes de l'action collective », *Revue suisse de science politique*, n° 11, 2005, p. 157-188.

Inglehart Ronald, *The Silent Revolution : Changing Values and Political Styles among Western Publics*, Princeton, Princeton University Press, 1977.

Ion Jacques, *La fin des militants*, Paris, Éditions de l'atelier, 1997.

Kanter Rosabeth, « Commitment and Social Organisation : A Study of Commitment Mechanisms in Utopian Communities », *American Sociological Review*, n° 33, 1968, p. 499-517.

Lefebvre Rémi, *Les primaires socialistes. La fin du parti militant,* Paris, Raisons d'agir, 2011.

Mathieu Lilian, « Un "nouveau militantisme" ? À propos de quelques idées reçues », *Contretemps*, 2008. < http://www.contretemps.eu/socio-flashs/nouveau-militantisme-propos-quelques-idees-recues> (consulté le 3 avril 2014).

Orfali Birgitta, *L'adhésion à l'extrême droite : Etude comparative en France, Hongrie, Italie et Roumanie,* Paris, L'Harmattan, 2012.

Revault D'Allones David, *Petits meurtres entre camarades*, Robert Laffon, 2010.

Seiler Daniel-Louis, *Les partis politiques*, Paris, A. Colin, 2e édition, 2000.

Strauss Anselm, *Miroirs et masques. Une introduction à l'interactionnisme*, Paris, Métailié, 1992.

Theviot Anaïs, *Mobiliser et militer sur Internet. Reconfigurations des organisations partisanes et du militantisme au Parti Socialiste et à l'Union pour un Mouvement Populaire*, Thèse de science politique, sous la direction d'Antoine Roger, Sciences Po Bordeaux, soutenue le 10 octobre 2014.

Touraine Alain, *La société post-industrielle. Naissance d'une société*, Paris, Denoël-Gonthier, 1969.

V

Les *fandoms*, entre communautés, affiliations et sociabilisation. Le cas des fans de séries télévisées

par Mélanie Bourdaa

Ce chapitre prend pour objet d'étude un public spécifique, les fans. En effet, les fans constituent un public particulier en ce sens qu'ils sont experts du programme et qu'ils performent des activités (lien social, médiation culturelle, activisme, intelligence collective, créations). De plus, ils partagent des informations et font circuler des contenus dans une communauté virtuelle, qui constitue pour les membres un lieu d'appartenance (Bourdaa, 2012). Comme le résume Henry Jenkins, « les fans de médias sont des consommateurs qui produisent, des lecteurs qui écrivent, des spectateurs qui participent » (Jenkins, 2008).

Ce chapitre se propose d'analyser le phénomène des *fandoms*, ces communautés de fans, qui constituent des espaces virtuels, le plus souvent, de sociabilité, partage, création et affiliation.

Grâce à une analyse de plusieurs *fandoms*, ou communautés de fans, nous chercherons à comprendre comment s'organisent ces communautés et quels sont les leviers et ressorts de la sociabilité, de sentiment d'appartenance et du lien social à l'œuvre autour des séries télévisées. La méthodologie de recueil de données et de verbatim est multiple et colle aux nouvelles pratiques médiatiques des fans. Tout d'abord, nous avons utilisé une méthode de cyber-ethnographie, en nous plongeant dans diverses communautés de fans pour en relever les traces numériques sur plusieurs sites médiatiques (Twitter, Facebook, Tumblr principalement). Si l'on cherche à mieux saisir les pratiques de réception des amateurs de séries télévisées lorsque l'on est chercheur, il devient nécessaire d'utiliser Internet comme outil d'analyse. Pour Paul Booth, les pratiques de réception des fans se développent avant tout dans un environnement numérique. Sa définition de la communauté virtuelle atteste de cette nouvelle posture de réception : « par communauté, j'entends le groupe social d'individus partageant des intérêts communs, rassemblés par une d'adhésion sous forme de membre ; l'organisation d'un groupe de fans qui à la fois aiment les textes autour de l'objet médiatique et qui créent des contenus additionnels autour de ce texte médiatique » (Booth, 2010 : 22). Paul Booth explique que les contenus médiatiques doivent être désormais appréhendés sous un angle nouveau : au vu des mutations des pratiques de réception, les chercheurs doivent désormais étudier la relation entre le texte, le médium et la technologie. Cela induit le changement de paradigme que Paul Booth décrit, qui entraîne de nouvelles études sur les médias. Nous retrouvons ici tout ce qui fait la force de la communauté : un rassemblement, des compétences techniques et un engagement intellectuel et émotionnel dans une réception active. Pour pratiquer une méthodologie de cyber-ethnographie, il faut employer une posture d'ethnographe, ce qui signifie qu'il faut intégrer la communauté que l'on va analyser. Comme le note Kendall, « les forums synchrones – qui permettent une réponse quasi instantanée – peuvent fournir un sentiment particulièrement vif d'appartenance et de rassemblement » (Kendall, 2002 : 6). Ward (1999) rappelle que la cyber-ethnographie est un outil utile qui permet une description pointue d'une communauté virtuelle. Cela se justifie par le fait que le chercheur, avec la cyber-ethnographie, « devient un participant de la société et fait des observations en tant que membre extérieur. Étant donné que les communautés virtuelles forment une culture et une société spécifiques, de grandes connaissances et interprétation peuvent être obtenues grâce à une méthode de cyber-ethnographie plutôt qu'avec n'importe quelle autre technique de recherche » (Akturan, 2009 : 2). Nous avons également posté un questionnaire sous format GoogleForm afin de saisir les pratiques des fans de séries et leur sentiment d'appartenance à une communauté, ici les fans des séries *The Flash* et *Arrow* diffusées sur le network américain *The CW*[1]. Enfin nous avons interrogé des

1. Les résultats de cette recherche sont disponibles ici : <http://litmedmod.ca/sites/default/files/pdf/r2-lmm_vol4_bourdaa.pdf>

fans engagées, qui ont lancé un mouvement activiste suite à la mort d'un personnage lesbien dans la série *The 100*. Face à la représentation négative engendrée par la mort de ce personnage emblématique et suite à la colère qu'elles ont exprimée après s'être senties trahies, les fans ont décidé de lever des fonds pour une association d'aide aux jeunes homosexuels *The Trevor Project*.

Cette méthodologie sur trois niveaux nous permet de proposer une catégorisation de ces affiliations en trois points que nous développerons avec des exemples : affiliation par la sociabilité, affiliation par l'expertise, affiliation par le sentiment.

I. Les communautés de fans, des groupes sociaux collaboratifs

Dès 1999, Bielby, Harrington et Bielby écrivent : « Regarder la télévision est une activité relativement privée. Par contre, être un fan, c'est participer à un nombre d'activités qui vont au-delà de l'acte privé de réception et symbolise un engagement émotionnel avec le contenu télévisuel » (Bielby, Harrington et Bielby, 1999). L'activité même du fan se façonne dans un groupe social, dans une communauté, que l'on nomme le *fandom*. Fiske décrit ces téléspectateurs particuliers comme des téléspectateurs extrêmement compétents (ils savent utiliser les technologies et notamment Internet) et comme de gros consommateurs de ces programmes : « ces téléspectateurs experts semblent également être des consommateurs assidus de ces programmes, ils peuvent par conséquent pleinement profiter de ces programmes » (Fiske, 1992). En effet, la réception des messages télévisuels par les fans ne s'arrête pas temporellement au moment seul de la réception du programme télévisé (que ce soit une émission de télévision ou une série télévisuelle) mais se poursuit bien au-delà grâce à plusieurs activités qu'ils expérimentent au sein d'une communauté de fans comme eux. Pour cela, les fans font partie d'une communauté qui partage une même passion, un même langage, les mêmes pratiques médiatiques, le même plaisir à participer à la création du contenu, à la recherche d'informations diverses sur le tournage, les « spoilers », les acteurs. Pour Serge Proulx, la communauté virtuelle (de fans ou autre) « désigne le lien d'appartenance qui se constitue parmi les membres d'un collectif d'usagers d'un chat, d'un forum, d'une liste de discussion, etc., ces participants partageant des goûts, des valeurs, et des intérêts et des objectifs communs » (Proulx, 2004). Cette définition de la communauté virtuelle s'adapte pleinement aux communautés de fans sur Internet puisque ce qui les rassemble avant tout c'est leur intérêt commun pour un programme télévisé (ou dans d'autres cas pour une star, un style de musique, un groupe musical, un artiste, etc.). Bien évidemment, comme toute interactivité et participation, le degré d'implication et de participation varie de la simple acquisition d'information au dialogue avec d'autres fans et de temps en temps avec les acteurs et les producteurs. D'ailleurs Henry Jenkins pointe l'importance de la communauté virtuelle dans l'engagement des fans. Pour lui, la communauté virtuelle représente le lieu des relations sociales qui émergent à travers la participation dans un environnement médiatisé. Il note deux autres éléments, qui prouvent que les fans sont des récepteurs actifs, qui s'adaptent aux nouvelles technologies et à un nouvel environnement socio-culturel pour créer et redéfinir un langage, des pratiques, des interprétations et une identité propre. La re-circulation caractérise la transmission des matériaux à un plus large public. Les médias numériques permettent une nouvelle relation au contenu médiatique. Les séries télévisées sont désormais des objets culturels « transmédiatiques » pour la plupart, qui se déploient et se consomment sur différents médias, et qui circulent et se discutent sur différents médias. La participation, le principal concept, témoigne du droit des fans de s'engager activement dans la création et la re-circulation des matériaux culturels. La logique culturelle des fans permet d'entrevoir une ligne floue entre consommation et production, lecture et écriture, en imaginant un monde dans lequel les narrations sont disponibles en tant que ressources pour raconter nos propres histoires. Francesca Coppa rappelle fort justement que les fans « sont ceux qui se rassemblent de façon régulière pour expérimenter la culture de masse mais qui répondent également à sa professionnalisation en créant des activités locales, participatives et amatrices pour eux-mêmes » (Coppa, 2014).

Naturellement, Internet est l'outil majeur sur lequel se retrouvent des millions de téléspectateurs changés en usagers acteurs. Comme le note Roberta Pearson, « la révolution digitale a eu un profond impact sur les communautés de fans, leur donnant du pouvoir et parfois leur enlevant du pouvoir, rendant floue la frontière entre production et réception, et faisant émerger de nouvelles formes de production culturelles » (Pearson, 2010). Le défi pour les chaînes de télévision et pour les producteurs de séries a été de transformer Internet en une immense plateforme interactive consacrée à l'adoration de séries télévisées permettant aux téléspectateurs d'interagir et de participer à la vie de la série, à son succès ou à sa chute. Aujourd'hui, pour fidéliser le téléspectateur, les producteurs et scénaristes redoublent d'ingéniosité et créent non seulement des scénarios haletants en y incluant des stratégies narratives telles le *cliffhanger* par exemple mais, en plus, ils permettent aux téléspectateurs, grâce à des stratégies de Transmedia Storytelling (Jenkins, 2006) de prolonger le plaisir et de créer un lien d'attachement, d'attente et de manque, en entretenant un sentiment d'immersion et un engagement dans l'univers narratif créé. Henry Jenkins parle de convergence culturelle pour expliquer ce phénomène de participation des fans à la co-construction de textes, et à leur investissement dans la formation d'une nouvelle culture grâce aux nouvelles technologies. Il explique que « la convergence culturelle décrit de nouvelles façons par lesquelles les récepteurs sont liés au contenu médiatique, leurs compétences grandissantes pour décoder les médias, et leur désir de culture participative. Si la convergence technologique ne sera jamais plus qu'un produit marketing, c'est parce que nous sommes plus investis dans les transformations des médias. Si nous sommes culturellement investis dans la télévision interactive, c'est parce que notre culture nous a amené à considérer nos interactions avec la télévision et à percevoir les contenus télévisuels comme une ressource dans nos interactions sociales » (Jenkins, 2002).

Les communautés de fans sont donc des espaces à la fois virtuels et réels (lorsque les fans se retrouvent dans des conventions par exemple), des lieux d'appartenance fondamentaux, des lieux d'échanges et de partage, dans lesquels ils ont des activités de création et production de sens. Les communautés de fans peuvent être considérées à la fois comme des communautés interprétatives (Radway, 1984) dans le sens où les fans vont décoder collectivement la narration et en produire un sens nouveau à travers des activités de créations, et une communauté sociale dans le sens où les fans partagent des liens souvent affectifs entre eux. En réalité, les fans « prennent du plaisir dans le fait d'appartenir à une audience sociale spécialisée tout en défendant les œuvres qu'ils jugent pertinentes auprès d'une audience plus vaste » (Ross, 2008).

II. Affiliations dans les communautés de fans : proposition de catégories

Les fans se regroupent donc en communautés de pratiques, qui représentent selon Jenkins un des piliers de la définition même des fans au même titre que la participation et la re-circulation des contenus officiels canoniques ou produits par les fans eux-mêmes, c'est-à-dire faniques. Nous postulons que dans ces groupes sociaux que sont les *fandoms*, les affiliations s'opèrent de trois manières différentes : les affiliations sociales, les affiliations par l'expertise et les affiliations activistes.

1. *L'appartenance, une affiliation fondamentale*

Le premier signe d'affiliation et d'appartenance des fans transparaît dans le choix du nom de la communauté. Ce marqueur identitaire porte une double importance : une importance individuelle qui va permettre au fan de s'identifier en tant que tel, et une importance collective qui va avoir une résonnance sociale. Dans son article sur le sujet, David Peyron confirme bien ce rapport identitaire aux noms de communauté : « En étant affirmée, cette (auto-) catégorisation n'est alors pas vécue comme aliénante pour un ensemble d'individus même forts différents car ils y trouvent une confirmation d'appartenance et donc une reconnaissance de la validité sociale de leur identité » (Peyron, 2015). La reconnaissance est en réalité double : une reconnaissance entre individus appartenant à un même groupe par l'affirmation du nom, et une reconnaissance dans la société et par la société justement par le fait même d'avoir un nom. Nombreuses sont les biographies de fans sur les réseaux sociaux qui mettent en avant le nom de la communauté et donc leur appartenance : PotterHead (*Harry Potter*), ArrowHead (*Arrow*), Trekkies (*Star Trek*) ou encore Brownies (*My Little Pony*). Ce nom peut porter sur un aspect particulier du texte médiatique comme par exemple un couple d'une série télévisée. C'est le cas pour les fans du couple Clarke et Lexa dans la série dystopique SF *The 100*, qui s'autoproclament comme appartenant à la communauté Clexa ou LesKru. Des fans expliquent dans un entretien que nous avons mené : « Le nom de notre mouvement « Leskru », inspiré par les clans « grounders » (Trikru, Skaikru...) donne aux membres un sentiment d'appartenance et une manière de signifier que Lexa est à nous. Si nous sommes le 14e clan, alors elle était notre Commandant à nous aussi, et nous lui devons, ainsi qu'à nous, de nous battre pour ce en quoi nous croyons. C'est un point de ralliement pour nous, quelque chose de commun qui nous unit malgré nos différences » (Bourdaa, 2016). Le choix du nom tire son origine de la narration même de l'univers sériel ou cinématographique et lie les fans dans la communauté autour d'un socle commun.

Ce qui prévaut pour les fans est donc l'appartenance au groupe, qui représente pour eux un lieu de rencontres mais également de débats. Lors d'une enquête que nous avions menée sur le *fandom* de *Battlestar Galactica* en 2009 (Bourdaa, 2009 ; 2012), un des fans interrogés décrit l'expérience d'appartenance à la communauté comme un lien avec une communauté religieuse : « Vous vous sentez en communion avec les autres, connectés, comme lorsque vous allez à l'église ou dans un bar où les gens aiment la même chose que vous sauf que vous n'avez pas à les voir physiquement et c'est encore mieux ». Ces sentiments d'appartenance et de camaraderie entre les fans sont accentués par le fait que les rapports virtuels à l'intérieur de la communauté virtuelle sont quasi instantanés. De plus, la communauté virtuelle est symbole de lieu sûr, protégé, où les échanges se font par écran interposé avec des pairs. Par exemple, cette réponse d'une fan de la série américaine *Arrow* souligne combien le *fandom* joue un rôle structurant et de soutien dans la vie des fans : « la communauté me fait sentir moins seule et apaise mes angoisses. Elle m'aide à me faire des amis qui ont les mêmes passions que moi. Je suis une personne qui n'a pas d'amis dans ma vie, être dans la communauté me donne un sentiment d'appartenance et d'acceptation. C'est important parce que ça vous fait sentir non seulement bien mais ça permet aussi de créer des amitiés durables et solides ». Kendall (2002) suggère que la communication instantanée des forums de discussion tient lieu de sentiment de co-présence physique avec d'autres personnes comme dans un bar, un restaurant ou n'importe quel endroit de sociabilité.

Beaucoup de fans retirent du plaisir dans le fait de faire partie d'une audience sociale spéciale et spécialisée qui travaille ensemble pour défendre sa série. Cela suggère, comme le souligne Sharon Marie Ross, que pour les fans, l'intérêt premier d'Internet est de proposer un espace pour ce que Radway appelle « les communautés interprétatives » (1984), c'est-à-dire des lieux où fans discutent de la signification, de l'esthétique ou de la mythologie de la série. Plus qu'un espace virtuel nécessaire aux fans pour discuter et partager leurs opinions sur la série et ses paratextes, la communauté est une « famille », une « équipe », dans laquelle des « amitiés » et des liens sociaux se créent qui par ailleurs, hors ligne, n'auraient pas pu exister. L'émulation intellectuelle est également un facteur essentiel à l'appartenance à la communauté : « c'est stimulant intellectuellement et c'est très inspirant ». Mais surtout, la communauté représente un espace de non jugement, autant sur l'identité individuelle du fan, que sur ses passions ou encore ses idées : « c'est un endroit où je peux m'exprimer et personne ne me jugera pour cela ». L'hétérogénéité des individus est ainsi englobée dans une homogénéité de la communauté centrée autour de la même passion et des mêmes pratiques médiatiques.

À la lecture des réponses à nos enquêtes et aux interactions entre fans, nous pouvons aisément affirmer que la notion d'appartenance à un groupe de passionnés qui partagent le même centre d'intérêt est omniprésente. Appadurai (2010), lorsqu'il définit les « Médiascapes », évoque cette appartenance à une communauté qu'il définit comme une « confrérie d'adorateurs ».

2. *L'expertise, une affiliation stimulante*

Comme nous l'avons déjà évoqué, la communauté de fans représente par définition un public savant, amateur dans le sens de connaisseur, dont l'expertise va être mise en avant par certaines activités. Cette expertise, bien entendu, est visible dans les débats et les théories qui émergent sur les Tumblr ou dans les forums. Dans cette configuration, la liberté d'expression engendre ainsi des discussions entre les membres de la communauté. Un fan nous confiait : « c'est un groupe de gens qui aiment ce que vous aimez, qui comprend votre excitation et votre enthousiasme ». Ici, ce fan se positionne comme extérieur aux téléspectateurs lambda qui n'auraient pas le même plaisir à regarder et débattre sur la série et s'incluent dans une communauté de pairs, de semblables. Cela est confirmé par une autre fan qui participe à la communauté des fans car ses ami-e-s ne sont pas aussi passionnés qu'elle et surtout ne comprennent pas réellement sa dévotion pour la série. Ou par cet autre fan de *Battlestar Galactica* qui se rend en ligne pour retrouver ses amis virtuels, ses amis hors ligne n'ayant pas la même culture de la série que lui.

Grâce à cette expertise, le fan peut endosser différents rôles, dont celui de détective, à la recherche du moindre indice pour conforter, confirmer ou confronter les théories de la communauté. L'adhésion à la communauté se fait ici par la connaissance accrue du texte médiatique, et la recherche constante de preuves, d'indices. Par exemple, les fans de la série pour jeunes adultes *Pretty Little Liars* (Freeform, 2010-2017) créent des Tumblr leur permettant de compiler toutes les théories sur le tueur (Qui est A ? puis maintenant qui est A.D. ?) en allant chercher les indices dans les épisodes ou les paratextes (entretiens des acteurs et showrunners, trailers, spoilers...). Ces indices sont ensuite publiés sur les forums ou les blogs sous forme de verbatim et citations, captures d'écran, montages, mettant en évidence les compétences techniques et les littératies numériques des fans. Sur le Tumblr intitulé « PLL Best Theories » qui recense les meilleures théories autour de la série, une fan poste ce message à l'auteur : « Hey, je voulais juste commencer par dire que je suis une énorme fan de ton blog ! Tes théories sont toujours intelligentes, logiques et bien écrites, et je consulte ton compte pratiquement tous les jours depuis deux ans. Je l'aime tellement que je me suis créée un compte pour discuter des théories avec toi. Je viens de trouver une théorie, je doute qu'elle soit vérifiée, mais je voulais partager[2] ». Cette fan apprécie visiblement l'effort de documentation du blog et, de par sa connaissance sur la série, décide de partager elle aussi ses théories et d'entrer ainsi dans le club de détectives de *Pretty Little Liars*.

L'expertise est également omniprésente lorsque les fans décident de mettre en place des wiki.

Le système du wiki est principalement participatif et collaboratif par définition, comme en atteste le fonctionnement du plus connu d'entre eux, Wikipédia. Pour les wiki créés par les fans autour d'œuvres culturelles populaires, le fonctionnement est similaire puisqu'ils mettent à jour, éditent et relient les informations éparses qu'ils ont collectées pour recréer la cohérence de l'univers de la narration. En participant lui-même à sa construction, Jason Mittell (2009) a analysé le wiki de la série *Lost*, nommé par les fans le *LostPedia*. Cette analyse montre

---

2. « Hey I just wanted to start off by saying I'm a huge fan of your blog! Your theories are always so clever, logical and well-written and I've been checking your account practically everyday for like a couple of years haha! I love it so much I even made an account just to be able to ask you things/discuss theories (I hope I'm doing this right as I'm not sure if I'm messaging you privately instead oops). I just randomly came up with a theory which I doubt will come true but I just thought I'd share ».

que le Wiki de série se présente comme un agrégateur des créations des fans et de leurs découvertes sur l'univers. Le wiki va concentrer sur une même plateforme une reconstitution détaillée de la narration de la série et de ses extensions. Les fans se servent du wiki comme d'une plateforme interactive leur permettant de collecter leurs informations autour de la série. Paul Booth décrit la constitution d'un wiki par les fans comme la mise en place d'archives qui « représentent la façon dont les fans se ressemblent autour d'une base de données narrative afin d'y inscrire l'objet médiatique étendu lui-même » (Booth, 2010).

La mise en place d'un wiki comme celui de *Lost* va aider les fans à recréer l'univers de la série, à archiver leurs connaissances sur l'univers narratif. Ils vont jouer le double rôle d'archéologue (Mittell, 2009) et de cartographe. Ils sont des archéologues car ils doivent parcourir et « creuser » les différentes plateformes médiatiques, numériques ou non numériques, à la recherche d'indices sur l'univers. Ils sont également des cartographes car lorsqu'ils seront en possession de ces indices, de ces éléments complémentaires, ils vont tenter de reconstituer l'univers complet pour le re-cartographier.

Un exemple récent assez édifiant concerne la création et le management du Wiki autour de la série *The 100*, qui témoigne à la fois de l'organisation dans le *fandom* mais également de l'étendue du savoir des fans de la série, qui sans cesse contrôlent les flux d'informations et créent des documents collaboratifs interactifs. Les fans qui gèrent ce wiki ont créé des règles, des instructions et des normes pour rédiger les articles, utiliser les photos et les média afin d'harmoniser le format du wiki et lui donner une navigation, une lecture et une découverte plus aisée. Ils ont également imaginé des rôles pour administrer la plateforme. Par exemple, les administrateurs ont des droits étendus et ils sont élus à ce poste en fonction de leur expertise et de leur connaissance de la série alors que les « enforcers » sont chargés de protéger les pages du wiki de l'invasion des trolls. Pour postuler à cette tâche, les fans doivent être considérés comme des usagers actifs experts (au moins 50 édits sur le wiki avant de pouvoir rejoindre l'équipe du wiki). L'équipe de mise à jour s'assure que les informations sont vérifiées et restent cohérentes particulièrement après la diffusion d'un nouvel épisode. Les fans peuvent prétendre à ce poste s'ils sont recommandés par deux autres membres de la communauté.

L'affiliation, l'adhésion à la communauté de fans peut donc se faire grâce à l'expertise, au savoir du fan, à sa connaissance de l'univers narratif étendu. Les fans jouent alors plusieurs rôles, de détectives collectionnant les indices, à administrateurs de wiki. Quel que soit son rôle, le fan valide son intégration dans la communauté parce qu'il a des compétences spécifiques, techniques mais également intellectuelles, qu'il partage dans la communauté. Il met à contribution sa litteratie et il en acquiert de nouvelles au contact des autres membres de la communauté ou en pratiquant des activités.

3. *L'activisme, une affiliation engagée*

Nous pouvons entendre l'affiliation comme l'adhésion à une cause, qui se caractérise dans les communautés de fans par un engagement civique et social qui lie les fans entre eux. Selon la définition de Jenkins, l'activisme fan « fait référence à des formes d'engagement civique et à une participation politique qui émerge de la culture fan elle-même, souvent en réponse aux intérêts partagés des fans [...]. J'entends par civique ces pratiques qui cherchent à améliorer la qualité de vie et à renforcer les liens sociaux à l'intérieur de la communauté, définie par des contraintes géographiques ou non » (Jenkins, 2012). La communauté de fans va donc permettre de faire émerger, à travers des discussions et des actions, des désirs communs de défendre des causes sociales, caritatives ou politiques. Une adhésion à la communauté va donc émerger par la mise en place d'actions politiques, sociales et culturelles par les fans.

L'exemple le plus édifiant de cet activisme est la création de la *Harry Potter Alliance*[3] (HPA) par Andrew Slack. Cette alliance compte aujourd'hui 100 000 membres à travers le monde et se bat pour diverses causes du droit au mariage homosexuel à la lutte contre le virus du SIDA aux Etats-Unis mais également dans les pays sous-développés. Les 40 membres payés ou volontaires de l'Alliance ont créé des partenariats avec Médecins sans Frontières, Free Press ou encore The Gay-Straight Alliance. La HPA reprend les valeurs morales défendues dans les livres ou les films *Harry Potter* pour mettre en place des actions d'engagements civiques. Plutôt que de promouvoir les films, la HPA préfère rediriger son énergie vers des problèmes réels en un mouvement que Slack a lui-même qualifié d'« acupuncture culturelle ». L'acupuncture culturelle favorise une participation civique en s'inspirant des problèmes

3. < http://thehpalliance.org/>, consulté le 16 juillet 2012.

de la fiction pour résoudre des problèmes de la vie réelle. Ce qui est intéressant avec cette initiative est qu'elle donne une tribune politique et un sentiment d'*empowerment* (de visibilité médiatique) aux jeunes publics et aux jeunes fans de *Harry Potter*. Jenkins rappelle que HPA propose des actions imaginatives et ludiques, offrant des métaphores et des analogies que les jeunes fans connaissent bien. En réalité, « la HPA se sert de l'appropriation des fans comme d'une façon de générer un nouveau vocabulaire pour parler du changement politique » (Jenkins, 2012).

Récemment, les fans de *The 100* ont utilisé la fiction, et en particulier deux personnages de l'univers, pour s'engager pour une cause caritative. Cette décision intervient après un événement narratif qui vient ébranler la communauté des fans. Dans l'épisode 7 de la saison 3 en mars 2016, le personnage du Commander Lexa, personnage lesbien, meurt d'une balle perdue après avoir consommé sa relation pour la première fois avec Clarke. Cet événement s'inscrit dans un trope bien connu, Bury Your Gays, qui recense toutes les séries américaines depuis 1976 dans lesquelles un personnage gay meurt pour faire avancer l'histoire d'un personnage hétérosexuel. Les fans se sentent alors trahies pour plusieurs raisons : une trahison scénaristique, la série continuant la liste grandissante des personnages gays morts, et une trahison relationnelle, le showrunner ayant assuré à maintes reprises sur les réseaux sociaux que Lexa était en sécurité et que sa relation avec Clarke était bien réelle. Ce qui a aussi choqué les fans, c'est une fois de plus le problème de représentation auquel les fans LGBTQ doivent faire face dans les productions audiovisuelles contemporaines. Comme nous le précisent une fan de la série dans un entretien : « La lutte de Lexa est terminée, mais la nôtre – pour une meilleure représentation, pour une reconnaissance et un respect des publics – ne l'est pas. Le Hays Code (N.D.L.R. : code de censure hollywoodien) a été annulé en 1968, et Tara dans *Buffy The Vampire Slayer* est morte il y a 14 ans de la même façon que Lexa. Il est devenu évident que notre lutte n'était pas terminée, malgré les progrès de la société, mais il reste énormément à faire » (Bourdaa, 2016). Des fans de la série ont alors décidé d'aller au-delà de leur colère et de leur frustration, pour lever des fonds pour une association d'aide aux jeunes homosexuels, The Trevor Project. Elles ont créé un mouvement We Deserved Better, supporté par un site Internet, des comptes Twitter et Facebook relayant les informations, les actions à mener et les soutiens. Elles ont réussi à obtenir 135 000 dollars pour l'association. Mais surtout, cet activisme leur a permis de se rassembler, de s'entre-aider et de développer un sentiment d'*empowerment* : « c'est important pour les gens de voir leurs sentiments reconnus, particulièrement pour une population dont les sentiments sont relégués au second par et dans les média. C'est encourageant d'être entendues et écoutées pour une fois et cela donne à tous les membres l'espoir que les choses peuvent changer. Dans l'ensemble, ça nourrit la participation » (Bourdaa, *ibid.*). De plus, cela leur a permis d'acquérir ensemble, de par leurs actions collectives et collaboratives, des compétences qu'elles mettront à profit par ailleurs : « D'un point de vue politique et social, les gens sont plus susceptibles d'écouter si vous pouvez apporter quelque chose de concret aux débats » (Bourdaa, *ibid.*).

L'affiliation à la communauté par l'activisme social ou politique est un aspect important de la communauté des fans car cela leur donne un pouvoir sur la tribune politique, des compétences qu'ils pourront développer par la suite, et un lien fort qui les unit dans l'action.

III. Les communautés de fans : affiliation et culture participative

Ce chapitre a tenté de démontrer comment s'opéraient les affiliations, nombreuses, au sein d'une communauté de fans, d'un *fandom*. Cela permet de mettre en exergue un élément fondamental de la culture fan, la culture participative : « La culture participative est une culture favorable à l'expression artistique et l'engagement civique, un soutien important à la création et au partage des créations, et une sorte de mentorat informel où ce qui est connu par les plus initiés est transmis aux novices. Une culture de la participation est aussi une culture dans laquelle les membres croient à l'importance de leurs contributions, et ressentent des liens sociaux avec les autres membres (au moins ils se soucient de ce que les autres pensent de leurs créations) » (Jenkins, Ito et Boyd, 2015).

L'affiliation à une communauté virtuelle de pratiques permet aux fans d'acquérir des compétences techniques, numériques ou intellectuelles, de créer de forts liens de camaraderie, et développer des appétences pour l'action sociale et politique. Cela est possible grâce à l'entre-aide, au non-jugement dans la communauté, au partage et aux formes de « mentorat » comme les appelle Jenkins. Ces principes de la communauté pourront être réinvestis par les fans dans leur vie quotidienne.

BIBLIOGRAPHIE

Appadurai Arjun, « Disjuncture and Difference in the Global Cultural Economy », in M. Featherstone (éd.), *Global Culture*, London, Sage, 2010, p. 295-310.

Akturan Ulun, « A review of cyber ethnographic research : research technique to analyze virtual consumer ommunities », *Bogaziçi Journal*, vol. 23, n° 1-2, 2009, p. 1-18.

Bielby Denise, Harrington C. Lee, Bielby William T., "Whose Stories Are They? Fan Engagement with Soap Opera Narratives in Three Sites of Fan Activity.", *Journal of Broadcasting & Electronic Media n°* 43, 1999, p. 35-511

Booth Paul, *Digital Fandom. New Media Studies*, New York, Peter Lang, 2010.

Bourdaa Mélanie, « taking a break from all your worries. *Battlestar Galactica* et les nouvelles pratiques télévisuelles des fans », *Questions de communication*, n° 22, 2012, p. 235-250.

Bourdaa Mélanie, « L'activisme fan en question : Entretien avec We Deserved better autour de The 100 », 2016. < https://fandoms.hypotheses.org/41>.

Coppa Francesca, « Pop Cultura, Fans and Social Media », in Hunsinger J., Senft T., *The Social Media Handbook*, Londres, Routledge, 2014, p. 76-92.

Fiske John, « The cultural economy of fandom », in Lewis L., *The adoring audience : fan culture and popular media*, Londres, Routledge, 1998, p. 30-49.

Jenkins Henry, « La filk et la construction sociale de la communauté des fans de science-fiction », in Glévarec H., Macé E., Maigret E., *Cultural Studies. Anthologie.*, Armand Colin / INA, Paris, 2008, p. 212-222.

— « The textual poacher and the Stormtroopers. Cultural convergence in the digital age », in Le Guern Ph., *Les cultes médiatiques*, Rennes, PUR, 2002.

— *Convergence Culture. Where old and new media collide*, New York, NYU Press, 2006.

— « Cultural Acupuncture : Fan Activism and the Harry Potter Alliance. », *Transformative Works and Cultures, « Transformative Works and Fan Activism »*, n° 10, 2012, <doi : 10.3983/twc.2012.0305>.

— Ito Mimi, boyd danah, *Participatory Culture in a networked era,* New York, Polity Press, 2015.

Kendall Lori, *Hanging out in the virtual pub. Masculinities and relationships online,* Los Angeles, University of California Press, 2002.

Mittell Jason, « Sites of participation : Wiki fandom and the case of Lostpedia », *Transformative Works and Cultures,* n° 3, 2009, < http://dx.doi.org/10.3983/twc.2009.0118>.

Pearson Roberta, « Fandom in the digital era », *Popular Communication,* vol. 8 (1), 2010, p. 84-95.

Peyron David, « Enjeux identitaires et communautaires de noms de fandoms », *Revue Française des Sciences de l'Information et de la Communication,* n° 7, 2015. <https://rfsic.revues.org/1665>.

Proulx Serge, « Les communautés virtuelles construisent-elles le lien social ? », Colloque International « *L'organisation média. Dispositifs médiatiques, sémiotiques et de médiations de l'organisation* », Université Jean Moulin, Lyon, 19-20 novembre 2004.

Radway Janice, *Reading the Romance. Women, Patriarchy and Popular Culture,* North Carolina, The University of North Carolina Press Edition, 1984.

Ross Sharon M., *Beyond the box. Television and the Internet,* New York, Blackwell, 2008.

Thompson R. (1997), *Television's second Golden Age,* New York, Syracuse University Press.

Ward Katie, "Cyber-ethnography and the emergence of the virtually new community", *Journal of Information Technology,* vol. 14, 2009, p. 95-105.

PARTIE III

AFFILIATIONS, CONTEXTES NUMÉRIQUES ET ÉDUCATION

VI

Formes d'affiliations dans les pratiques informationnelles des lycéens avec le numérique : le cas des Travaux Personnels Encadrés (TPE)

par Karel Soumagnac et Camille Capelle

L'usage du numérique dans le cadre des pratiques scolaires appelle de plus en plus d'acteurs de l'éducation à réfléchir à la question des pratiques informationnelles des élèves. Ces pratiques informationnelles orientent les élèves vers des objets technologiques et des sites web particuliers, et reposent sur des stratégies visant à s'approprier des savoirs. Partant de la recherche sur les pratiques info-communicationnelles des élèves dans le cadre du travail scolaire en groupes pour les Travaux Personnels Encadrés (TPE), nous interrogeons ici les affiliations qui prennent forme avec les outils numériques. Les affiliations sont entendues comme « une procédure qui, à la fois, organise les échanges entre acteurs en constituant les règles qui gouvernent cette organisation et établissent, entre des individus en interaction, le sentiment qu'une compréhension mutuelle s'instaure » (Ogien, 1985). Cette notion interroge la façon dont les élèves mobilisent les outils numériques et les liens sociaux, cognitifs et intellectuels qu'ils tissent entre eux et avec des objets pour répondre à une demande sociale et institutionnelle. Dans le cadre du projet de recherche de l'ANR Translit[1], nous avons travaillé sur les différentes littératies mises en œuvre lors de projets

1. La recherche ANR « Translit » (La Translittératie comme horizon de convergence des littératies médiatiques, info-documentaires et informatiques) mobilise

numériques en lycée d'enseignement général ainsi que dans des structures éducatives et culturelles accueillant des jeunes. Le projet a permis d'identifier les transferts et les croisements des littératies numériques (englobant un ensemble de compétences et savoir-faire informatiques), informationnelles (s'agissant de compétences relatives aux formes d'information scientifique, documentaire ou scolaire) et médiatiques (concernant les compétences de lecture et de savoir-faire analytique et critique des médias) dans l'appropriation des savoirs et les stratégies d'apprentissages. Dans le cadre de cette contribution, notre objectif sera de voir comment travaillent les élèves avec des outils numériques et à quelles formes d'affiliation renvoient leurs pratiques informationnelles. Pour répondre à ces questions, nous nous sommes focalisés sur le travail des TPE en classes de 1re, qui présuppose (contrairement à sa dénomination) la mise en œuvre d'un travail collectif entre les élèves, réalisé à la fois sur le temps scolaire et en dehors de l'école. Ce travail qui s'inscrit dans une logique de projet, se structure par rapport au choix d'un sujet, de la définition d'objectifs à atteindre grâce à un travail collectif, et implique donc une organisation particulière de la part des élèves ainsi qu'une entente mutuelle pour répondre aux attentes scolaires.

Dans une première partie, nous reviendrons sur les principaux concepts théoriques mobilisés puis présenterons le terrain et la méthodologie de recherche. Dans une seconde partie, nous montrerons que les activités info-communicationnelles des élèves se distribuent autour de modes de gestion et d'organisation de l'information relevant du croisement entre les sphères privée et institutionnelle. La relation aux savoirs scolaires en est modifiée et crée de nouvelles formes d'affiliation. Dans une troisième partie nous reviendrons sur les discours des élèves et de leurs enseignants pour comprendre en quoi les affiliations observées oscillent entre affranchissement et respect des exigences scolaires.

---

des enseignants-chercheurs des laboratoires CREW (Université de Paris 3), GRHIS (Université de Rouen), STEF (ENS Cachan), IMS-RUDII (U

I. Pratiques info-communicationnelles et formes d'affiliations à travers les usages du numérique

1. *Des pratiques informationnelles aux affiliations : construction du sens commun dans l'activité*

La notion de pratique informationnelle renvoie à la relation qu'entretiennent des acteurs avec des dispositifs méthodologiques et technologiques pour se documenter. Les pratiques informationnelles peuvent être définies comme « [...] la manière dont l'ensemble des dispositifs, des sources, des outils, des compétences cognitives est effectivement mobilisé dans les différentes situations de production, de recherche, de traitement de l'information » (Chaudiron, Ihadjadène, 2008 : 191). À l'école, ces pratiques sont considérées comme formelles car elles dépendent du cadre scolaire institutionnel tant sur le plan des savoirs que des attitudes et compétences à développer. Nous le verrons par la suite, les élèves agissent également de manière plus informelle en passant par l'échange et les relations sociales en dehors du cadre purement scolaire pour partager des connaissances et produire des travaux scolaires et documentaires. Pour Annette Béguin, les pratiques informelles sont « des pratiques sociales ordinaires, non prescrites ou régulées par une autorité, non structurées de manière explicite, mais efficaces dans la satisfaction qu'elles procurent au quotidien » (Béguin, 2006 : 321). Cette satisfaction est un facteur important chez les élèves qui élaborent ainsi des connaissances sur leur environnement informationnel et culturel, sans efforts cognitifs supplémentaires. A contrario, les exigences intellectuelles cognitives et sociales requises au travers des pratiques formelles impliquent une bonne connaissance des cadres de savoirs et des formats de connaissance à mobiliser (Morandi, 2013). Elles renvoient à des méthodes de construction des savoirs et de positionnement intellectuel qui structurent l'affiliation de l'élève au contexte institutionnel et intellectuel en termes d'activités ordinaires et de postures identitaires.

La notion d'affiliation, telle qu'elle a été abordée par Albert Ogien en ethnométhodologie, implique que des acteurs soient capables de se coordonner et de s'accorder sur un sens commun de leur activité (Ogien,

---

niversité de Bordeaux).

1985). C'est donc surtout le sentiment de compréhension mutuelle qui est à la base de l'affiliation des acteurs. En outre, ces activités s'inscrivent dans un collectif régi par des règles de bon fonctionnement basées sur l'échange et l'usage d'outils de travail communs. Pour Lucy Suchman (2005), l'affiliation ne concerne pas uniquement les individus mais implique également leurs interactions avec les objets. Selon elle, les objets disposent d'un « pouvoir affiliatif » et sont en capacité d'orienter les actions des individus ou de jouer un rôle de médiation dans les pratiques sociales. Elle emploie le terme d'« affiliative object » pour faire référence à la relation dynamique d'association et de dés-association qui caractérise l'identification des objets et des individus à des appartenances catégorielles et à des rôles (Suchman, 2005 : 379). Les objets numériques sont ainsi des ressources stratégiques au travers desquelles s'alignent les individus par rapport à des identités professionnelles et des positionnements organisationnels (*ibid.* : 381).

Alain Coulon, qui s'est intéressé à la formation en méthodologie documentaire dans l'enseignement supérieur, parle d'affiliation intellectuelle pour désigner « le processus qui consiste à découvrir et à s'approprier les allant de soi et les routines dissimulées dans les pratiques de l'enseignement supérieur » (Coulon, 1999 : 37). Ce type d'affiliation fait intervenir la capacité des individus à s'inscrire dans des logiques actionnelles autour d'une praxéologie documentaire et intellectuelle fondée sur la catégorisation et la classification des éléments de la pensée. Dans le cadre des pratiques informationnelles, l'affiliation passe dorénavant par des outils numériques. Les stratégies intellectuelles à développer impliquent une connaissance des rapports à l'information en termes de matérialité des dispositifs de médiation, de structuration des documents numériques (Jeanneret, 2009) mais aussi de nouveaux rapports aux savoirs qu'ils soient scientifiques ou narratifs (Peraya, 2012). Ces nouveaux rapports à l'information dans le cadre des pratiques informationnelles font surgir des codes implicites qui se greffent sur des logiques informationnelles existantes tout en interrogeant de nouvelles pratiques dites communicationnelles (Pasquier, 2015). La notion d'affiliation en régime numérique interroge alors le sens que les élèves donnent à leurs activités info-communicationnelles pour répondre aux attentes d'un travail scolaire.

2. *Observer les affiliations dans les pratiques informationnelles numériques : choix de méthodes*

Le projet de recherche repose sur des observations ethnographiques, dans un lycée d'enseignement général. Nous y interrogeons les activités des élèves en termes de littératies, qu'elles soient numériques, médiatiques ou informationnelles. Nous avons pris en compte les modes d'interaction entre les acteurs (approche située) et les modes de distribution des activités (approche distribuée) au sein des classes. Les élèves concernés sont en 1re L, ES et S, et réalisent des TPE, qui constituent une épreuve anticipée du baccalauréat. Les séances de travail au sein d'espaces documentaires ou de salles informatiques mettent en œuvre des pratiques translittéraciques (c'est-à-dire des pratiques appuyées sur des compétences plurielles articulant des compétences disciplinaires, informationnelles, numériques) et ont pour finalité la restitution de productions numériques ou papier. Elles ont été suivies à l'aide d'une grille critériée autour de la contextualisation du dispositif pédagogique, de la situation info-communicationnelle (environnement physique, informationnel, social), de l'activité info-communicationnelle (démarrage, organisation de l'activité du groupe, gestion de l'activité par les médiateurs, temps de décrochage des élèves de l'activité, production réalisée). Nous avons également créé une grille d'entretien autour de critères relatifs à la caractérisation de l'interviewé, aux modalités de mise en place des activités, aux médias utilisés, au stockage et partage de l'information, aux stratégies de recherche de l'information et de communication, à la production de contenus, aux représentations et systèmes de valeurs. L'idée était de pouvoir revenir, avec les élèves et les enseignants volontaires, sur l'expérience des TPE.

Notre approche s'inscrit dans une perspective socio-pragmatique des activités info-communicationnelles des élèves. Le fait d'observer les pratiques informationnelles pour identifier les affiliations numériques nous invite à considérer l'ensemble des activités de gestion, d'organisation et de diffusion de l'information par rapport aux normes de lecture et d'écriture en lien avec des espaces de communication et des dispositifs de médiation spécifiques. La diversité de ces espaces et dispositifs informationnels nous a conduits pendant les observations à interroger les élèves sur leur activité afin de saisir le sens qu'ils leur donnent. Ces éléments d'explicitation ont permis de comprendre comment des affiliations se sont créées autour ou au-delà des normes imposées par des règles, des procédures, des discours ou des formats scolaires. Aller au-delà de l'implicite, comprendre comment ces règles et ces discours ont été naturalisés par les élèves a aussi nécessité de la part des observateurs de faire des entretiens semi-directifs plus approfondis, avec eux. L'objectif était de cerner leurs perceptions de leurs propres pratiques dans le cadre spécifique des TPE mais aussi plus largement au sein de l'institution scolaire et dans la vie de tous les jours dans la sphère privée. Nous pensons que si les affiliations peuvent s'observer en termes de pratiques, elles ne peuvent pas non plus faire l'économie des représentations des acteurs, c'est-à-dire des « constructions sociales de la réalité » (Berger, Luckman, 1986) permettant un rapport au monde partagé autour de capacités d'actions communes. Par ailleurs, les enseignants ont aussi été interrogés sur leurs propres pratiques informationnelles et celles des élèves. L'idée était, entre autres, de cerner les logiques d'affiliation à l'œuvre que ce soit autour des contenus intellectuels, des méthodes d'exposition des savoirs documentaires et informationnelles ou des logiques de communication.

II. Activités info-communicationnelles : des affiliations intellectuelles et actionnelles renouvelées à l'heure du numérique

1. *Des stratégies individuelles aux stratégies collectives pour la gestion et l'organisation de l'information*

Pour produire un travail scolaire à partir de leurs pratiques informationnelles, les élèves ont besoin de se répartir les tâches et d'organiser leurs méthodes de façon tout d'abord individuelle pour s'approprier le contenu intellectuel ainsi que les différentes méthodologies de travail imposées par les enseignants. L'organisation de l'activité informationnelle des élèves s'appuie sur des pratiques d'informations informelles dont le but premier est la collecte et la gestion de l'information pour réaliser le travail demandé. La question du numérique en termes de pratiques (Plantard, 2011) vient alors bousculer cette stratégie puisqu'elle va permettre de mettre en commun la matière informationnelle à partir notamment d'une recherche collaborative d'information (Dinet, 2012). Nous avons vu qu'au fil des semaines et du processus de construction des TPE, le rapprochement s'est établi entre les élèves d'un même groupe en termes de gestion de la prise de notes, de collecte de documents, ou de constitution des références bibliographiques. À ce sujet, les règles de construction formelle et intellectuelle n'ont pas toujours été respectées, et la pratique de copiés/collés a toujours la préférence des élèves (Boubée, 2010). Le contexte numérique favorise l'affiliation dans ce qu'elle a de matériel et en la déconnectant des réalités intellectuelles et culturelles des catégories de pensée, de classement (Coulon, 1998) et d'évaluation de l'information (Serres, 2008). L'engagement dans la pratique informationnelle se fait au détriment de la conceptualisation du sujet, de la prise de conscience d'un questionnement préalable des discours en circulation sur Internet.

La conservation de l'information fait aussi l'objet de nombreuses tractations entre les élèves en rapport avec les supports d'information et de stockage. Le choix des outils pour conserver le travail de rédaction notamment pose des problèmes d'organisation entre les habitudes de chacun et les habitudes scolaires de stockage des documents qui n'ont pas été pensées par les enseignants, ni interrogés par les élèves, sauf au moment de la finalisation pour enregistrer le travail. L'intrusion d'outils personnels, même si on ne peut pas parler réellement de BYOD (*Bring Your Own Device*), est ici nécessaire pour pouvoir travailler depuis chez eux et implique l'engagement des élèves dans des choix de formats et de supports de stockage de l'information traitée. C'est donc une sorte de confiance qui s'installe entre les élèves mais aussi de dépendance à l'autre, puisqu'en général, un seul élève sur trois ramène sa clé USB pour enregistrer le travail réalisé pendant les deux heures de TPE. L'échange du travail collectif se faisant ensuite par leur messagerie personnelle. Cette confiance repose à la fois sur la fiabilité du matériel technique et l'assurance que l'élève chargé de la clé ne l'oublie ou ne la perde pas. Pour l'élève garant du travail du groupe, c'est une forme d'engagement qui est pris vis-à-vis à la fois du groupe et de l'institution scolaire. Le rapport à l'outil institutionnel de référence qu'est l'ENT est marginalisé au profit d'outils personnels. Cette porosité des outils (Peraya et Bonfils, 2012) depuis très longtemps présente dans l'enseignement supérieur gagne le second degré et rapproche les élèves notamment entre les technophiles et les novices qui apprennent de leurs pairs. La dimension collective dans la gestion de l'information par les supports de stockage crée à la fois une dépendance à l'outil et une prise de conscience partagée chez les élèves des règles à établir autour des modalités de gestion de l'information.

2. *Des choix et des modalités de lecture et d'écriture susceptibles d'affiliation*

L'affiliation à des pratiques info-communicationnelles communes entre les élèves dans ce travail repose aussi sur des pratiques de lecture et d'écriture numériques qui mobilisent des connaissances et savoir-faire scolaires et non scolaires. L'imbrication des pratiques informationnelles formelles et informelles est le ciment de l'affiliation médiée par les outils numériques dans le cadre des TPE car elle permet l'expression d'un travail collectif fondé sur le partage de lecture et d'écriture suivant les envies, la culture et les goûts de chacun. Daniel Peraya a pu rappeler à la suite de Bernard Lahire sur « l'homme pluriel » (2001), que les individus évoluent dans de « multiples instances d'interactions » correspondant à des « sphères sociales distinctes » (Peraya, 2012 : 97). Le choix des environnements informationnels dépend de ces différentes sphères sociales et de leurs types de savoirs. Les savoirs narratifs sont souvent présents sur le web et sont choisis dans le cadre de la sphère personnelle car l'effort cognitif est moins important que les savoirs dit scientifiques. On s'aperçoit au sein de l'école que les élèves procèdent de la même manière que dans un contexte personnel, familial et social. Avec le numérique, les savoirs scientifiques ou savants relevant de l'école et de la sphère académique sont peu lus. Pour preuve, les documents consultés sur Internet ne dépendent pas de bases de données scientifiques, qui pourraient, pour les sujets de 1re S notamment, être pertinents. C'est principalement la méconnaissance des savoirs scientifiques et des modes d'expertise et de diffusion de ces savoirs qui fait défaut chez les élèves. L'affiliation va passer par l'appropriation des savoirs narratifs que les élèves consultent au quotidien et qu'ils vont transposer comme savoirs savants et partager entre eux, via le dispositif d'écriture, pour répondre à l'exigence scolaire.

Pour pallier les difficultés cognitives et intellectuelles de mise en ordre des savoirs, le travail de « documentarisation » reste un élément central dans l'élaboration et la rédaction du dossier. Il consiste « [...] à équiper un support pérenne des attributs qui faciliteront sa circulation dans l'espace, le temps et les communautés d'interprétation » (Zacklad, 2005). Dans cette perspective, les élèves récupèrent des savoirs narratifs, le plus souvent de manière individuelle et après la phase de recherche collaborative d'informations, puis les bricolent de façon à correspondre au mieux à l'image qu'ils se font du dossier de

TPE. Cette capacité à réécrire à partir de l'information récupérée sur Internet et à gérer des ressources variées est plutôt le propre d'élèves habitués à faire usage de ces dispositifs numériques dans le cadre de relations sociales et de leurs loisirs à l'extérieur de l'école. Ils importent des pratiques « informelles » au sein des TPE pour construire une connaissance partagée et collaborative de l'écriture au sein du groupe. On peut, nous semble-t-il parler d'une « affiliation numérique », car c'est au travers d'une appropriation des codes implicites de lecture et d'écriture numérique que le travail scolaire prend forme et fait sens pour chacun des élèves du même groupe.

Enfin, l'affiliation numérique repose sur une dimension routinière et communautaire de pratiques informationnelles issues de la sphère privée et sociale, notamment via les outils nomades et connectés. Le contournement du seul environnement informationnel scolaire est systématiquement observé pour l'ensemble des groupes et est le plus souvent toléré par les enseignants. En effet, les élèves ne s'orientent pas en premier lieu vers les ouvrages et la documentation disponibles au CDI. D'autre part, les défaillances techniques de l'ENT par exemple, voire la méconnaissance de l'outil principalement par les enseignants entraînent un affranchissement des règles de bonnes pratiques du numérique attendues au sein de l'établissement. Pour rester à la fois connectés mais aussi pour se sentir plus intimes du contenu dans l'élaboration d'un travail qui leur semble périlleux et très long, les élèves utilisent leur smartphone pour filmer les expériences en laboratoire et partager les vidéos via leur messagerie en n'oubliant pas l'enseignant. La logique éditoriale développée par les élèves, qui consiste à filmer, indexer le film dans leur espace virtuel dans un format de fichier exploitable par les pairs et l'enseignant et à l'envoyer au groupe est rendue possible par le caractère pervasif des outils (Zacklad, 2010). Cette pervasivité permet de s'adapter au contexte de travail de chacun des individus et rend possible une affiliation de type actionnel visant la réalisation du travail de groupe.

III. Les affiliations avec le numérique chez les élèves : entre affirmation des formats scolaires et affranchissement des règles de filiation académiques

1. *Le regard des élèves sur leurs pratiques informationnelles : s'affilier pour mieux répondre aux exigences scolaires*

Dans le cadre des groupes constitués par les élèves, les sujets des TPE ne font pas forcément l'objet d'une grande sociabilité. C'est plutôt les affinités personnelles qui font en sorte qu'il y ait une cohésion de travail et de pratiques informationnelles partagées. À ce titre, les élèves interrogés insistent sur cette dimension humaine et souvent affective qui les lie dans le cadre de l'élaboration des TPE : « La cuisine moléculaire, c'est un thème qu'on aimait bien toutes les trois, et c'est vrai qu'il y en avait une en particulier qui y avait déjà un peu réfléchi et elle nous a proposé ça. On est tombées d'accord » (Mina, 1re S). La prégnance des discours des enseignants autour de l'autonomie des élèves grâce au numérique fait sourire les élèves. Le problème du rapport à l'autorité, s'il est identifié depuis de nombreuses années par les institutions éducatives, est également bien perçu par les élèves. Pour Françoise Poyet, chercheure en psychologie cognitive et spécialiste des TIC dans les apprentissages, il s'agit pour les jeunes de s'inscrire dans des collectifs où l'expression du moi prend le dessus par rapport à l'ordre collectif exigé dans le cadre scolaire et où les normes apparaissent plus strictes que sur le net (Poyet, 2011). L'affiliation par le biais du numérique, permet aux élèves de créer un environnement de travail qu'ils sont les seuls à pénétrer, puisqu'ils expliquent sans problème que la création d'un compte Facebook pour les TPE ne concerne pas les enseignants car ils ne savent pas forcément s'en servir. Ce n'est pas tant une histoire de génération que d'accès et d'appropriation des outils. À travers les outils numériques, les élèves donnent un sens à leurs pratiques informationnelles mais se sentent rarement accompagnés par les enseignants (Boyd, 2010) alors qu'ils en expriment par ailleurs le besoin, par exemple pour la maîtrise du traitement de texte.

L'autre élément qui apparaît sur l'affiliation chez les élèves interrogés a trait à la redistribution des activités pour répondre aux exigences de performances scolaires. Le partage des tâches est systématisé dans l'ensemble des groupes observés mais ne répond pas toujours à la même logique. Dans certains cas, c'est l'expertise technique d'un des élèves qui va favoriser sa responsabilité au sein du groupe notamment sur le plan de l'organisation et de la gestion du travail : « [...] on a fait une deuxième grande partie, qu'on s'est dit que l'on ferait toutes les trois... je pense qu'Elodie était beaucoup plus impliquée que Marie et moi... dans le sens où elle nous a managé un peu... après je dirais qu'il n'y avait pas de leader » (Mina, 1re S). Dans d'autres groupes, quand la dimension contributive de chacun a du mal à émerger, les tâches vont être identiques : chacun recherche l'information de manière individuelle, copie/colle et enregistre son travail sans parfois s'être adressé la parole plus d'une ou deux fois pendant la séance. Dans ce cas, les élèves avouent avoir des difficultés à travailler ne serait-ce que sur le plan temporel : « Deux heures de TPE en fin de journée, c'est trop long ! » (Marie, 1re S). De plus, la reconnaissance des autres n'existe pas et l'élève se sent souvent démuni face à l'exigence scolaire mais aussi du fait de ne pas comprendre les codes pour aider ses camarades, alors qu'il existe souvent un lien social et amical entre eux. La dimension identitaire dans ce cas est en retrait face au travail demandé. Encore une fois, l'affiliation numérique ne dépend pas vraiment d'un lien social qui lui est réel. Elle s'inscrit en lien avec une affiliation intellectuelle qui est démultipliée à l'heure du numérique par des routines et des formats de connaissances scolaires reconfigurés.

2. *Le regard des enseignants sur les pratiques informationnelles des élèves : entre affranchissement et affiliation*

De leur côté, les enseignants ont des discours assez divergents suivants les contextes observés. Leurs propres pratiques informationnelles mais aussi le lien social et professionnel qui les unissent à la fois à leur collègue de TPE et à la classe qu'ils encadrent influent sur les représentations qu'ils ont des pratiques informationnelles des élèves. Alors que de nombreux chercheurs travaillant dans le monde scolaire ont souvent montré une forme de disqualification du travail des enseignants et, plus généralement, des médiateurs pour transmettre les savoirs (Dioni, 2007, 2008 ; Serres, 2008), les entretiens menés auprès des enseignants et professeurs-documentalistes des établissements soulignent un rôle d'accompagnant pédagogique renforcé autour de l'engagement des élèves dans leur travail et dans les pratiques informationnelles. Pour l'une des professeurs-documentalistes interrogées, « Il faut vraiment les accompagner, sur l'ouverture à d'autres ressources [qu'Internet], sur leur capacité à travailler ensemble ». Dans un autre établissement, le professeur de physique-chimie insiste sur le fait que les enseignants « [...] leur demande[nt] d'aller sur Internet, pour se renseigner sur le sujet... pour qu'ils arrivent à en comprendre les enjeux... qu'ils trouvent une problématique... et qu'ils trouvent aussi une limite à leur sujet ». Pour les enseignants, l'engagement des élèves dans les pratiques informationnelles relèverait davantage d'une affiliation familiale au regard des formes scolaires. En outre, même si les élèves ont plus une figure d'adolescent que de jeunes en cours d'apprentissage, le fait d'utiliser des environnements informationnels spécifiques à la sphère médiatique et sociale voire commerciale ne les affranchissent pas forcément des pratiques d'écriture et de lecture scolaires. En fait, les TPE permettent aux élèves de s'épauler grâce au travail de groupe par rapport à la compréhension des consignes, leur mise en pratique, l'appréhension des formes d'écriture recommandées par l'institution.

Certaines valeurs communes semblent se confirmer à travers les pratiques informationnelles des élèves. Ce sont elles qui fondent finalement ces affiliations qui sont dorénavant aussi numériques. « Je ne pense pas que ce soit possible aujourd'hui vu les sujets qu'ils prennent... qui sont vraiment dans le monde contemporain... de les traiter sans Internet » (Professeur d'histoire-géographie, 1re L). Parmi les nouvelles pratiques naissantes affirmées par les enseignants, on peut trouver le vivre et le produire ensemble à travers le travail en collaboration, l'adaptabilité aux potentialités des technologies, la maîtrise des contraintes temporelles, ou la régulation des activités de recherche d'information. « [...] Ils disent, dans leur fiche de synthèse, quand vous les lisez que c'était magnifique, que ça a été formateur, qu'ils ont appris plein de choses... [...] Ils disent qu'à un moment ils ont découvert le travail de groupe, ils ont découvert leurs amis, découvert des thèmes, ils ont appris à travailler ensemble. » (Professeur de physique-chimie, 1re S). Ces pratiques sont le socle d'affiliations nouvelles qui valorisent le désir de bien faire, la curiosité intellectuelle, la créativité matérielle et numérique, la prise de conscience de potentialités d'expression, de raisonnement scientifique.

Conclusion

Les affiliations dans les pratiques informationnelles numériques des élèves observés en contexte de TPE sont complexes et difficiles finalement à appréhender. Si l'affiliation intellectuelle telle qu'elle a pu être définie par Alain Coulon renvoie de manière claire à l'acquisition de logiques scolaires et informationnelles de manière à ce qu'elles soient naturalisées par l'apprenant, il n'en reste pas moins que le passage au numérique a renouvelé les pratiques informationnelles et leurs incidences sur les formes d'affiliations. Si nos observations renvoient bien à des stratégies collectives d'appréhension du monde autour de catégories de pensées correspondant à la construction de schèmes communs propres ici à l'école, la praxis des élèves pose la question des limites socio-cognitives des objets utilisés, notamment sur un plan culturel. Les activités info-communicationnelles sont désormais élaborées autour de pratiques souvent exclusivement liées à la collecte, et la recherche d'informations qui bien qu'elles soient la plupart du temps collaboratives pour des raisons d'économies de moyens, posent problème aux élèves sur le plan des productions scolaires et informationnelles en tant que savoirs scolaires répondant à une exigence institutionnelle. Il faut donc s'interroger sur l'accompagnement pédagogique à mettre en place autour des affiliations pour éviter que la fracture numérique ne s'agrandisse au sein de l'école.

Bibliographie

Béguin Annette, « Pourquoi faut-il étudier les pratiques informelles des apprenants en matière d'information et de documentation ? », *Penser l'éducation, Hors-série*, n° 22, 2006, p. 321-329.

Berger Peter L. et Luckmann Thomas, *La construction sociale de la réalité*, Paris, Méridiens et Klincksieck, 1986.

Boubée Nicole, « Le rôle des copiés-collés dans l'activité de recherche d'information des élèves du secondaire ». In Françoise Chapron et Eric Delamotte (dir.) *L'éducation à la culture informationnelle*, Villeurbanne : Presses de l'ENSSIB, 2010.

Boyd Danah, « Réseaux sociaux, privés, publics ou quoi ? », *Documentaliste-sciences de l'information*, vol. 47, n° 1, 2010, p. 48-49.

Coulon Alain, « Un instrument d'affiliation intellectuelle : l'enseignement de la méthodologie documentaire dans les premiers cycles universitaires », *BBF*, vol. 44, n° 1, 1999, p. 36-42.

Dinet Jérôme, « Introduction », *Les Cahiers du numérique*, vol. 8, n° 1, 2012, p. 9-14.

Dioni Christine, « L'acculturation numérique des adolescents : un défi pour la profession enseignante ? », *Colloque international, TICE Méditerranée*, 2007, En ligne : < http://isdm.univ-tln.fr/PDF/isdm29/DIONI.pdf>.

Dioni Christine, « Métier d'élève, métier d'enseignant à l'ère numérique », *Rapport de recherche INRP*, 2008, En ligne : < http://edutice.archives-ouvertes.fr/edutice-00259563/fr>.

Jeanneret Yves, « La relation entre médiation et usage dans les recherches en information-communication en France », *RECIIS*, vol. 3, n° 3, 2009, En ligne : < http://www.reciis.icict.fiocruz.br/index.php/reciis/article/viewFile/753/pdf_140>.

Ihadjadène Majid, Chaudiron Stéphane, « L'étude des dispositifs d'information électronique : approches croisées », in Fabrice Papy (dir.), *Problématiques émergentes dans les sciences de l'information*, Paris, Hermès-Lavoisier, 2008, p. 183-207.

Lahire Bernard, *L'homme pluriel, les ressorts de l'action*, Paris, Nathan, 2001.

Morandi Franc, « Classer et « encyclopéder » aujourd'hui : la reconfiguration des formats de connaissances », *Hermès*, n° 66, 2013, p. 139-146.

Ogien Albert, « L'affiliation : analyse de la constitution sur autrui », *Pratiques de formation, numéro double 11-12*, 1985, En ligne : < http://vadeker.net/corpus/pfem/5-5_affiliation.html>.

Pasquier Dominique, La communication numérique dans les cultures adolescentes, *Communiquer*, n° 13, 2015, En ligne : < http://communiquer.revues.org/1537>.

Peraya Daniel, « Quel impact les technologies ont-elles sur la production et la diffusion des connaissances ? », *Questions de communication*, n° 21, 2012, En ligne : < http://questionsdecommunication.revues.org/6590>.

Peraya Daniel, Bonfils Philippe, « Nouveaux dispositifs médiatiques : comportements et usages émergents. Le cas d'étudiants toulonnais en formation à l'UFR Ingémédia », *Distances et Médiations des Savoirs*, n° 1, 2012, En ligne : < https://dms.revues.org/126>.

Perriault Jacques, *La logique de l'usage. Essai sur les machines à communiquer*, L'Harmattan, Paris, 2008.

Plantard Pascal, *Pour en finir avec la fracture numérique.* Limoges, Fyp éditions, 2011.

Poyet Françoise, « Culture scolaire et culture numérique en tension ». In Françoise Poyet, Christine Develotte (dir.), *L'éducation à l'heure du numérique : état des lieux, enjeux et perspectives*, Lyon, ENS-INRP, 2011, p. 29-46.

Serres Alexandre, « L'école au défi de la culture informationnelle ». In Jérôme Dinet (dir.). *Usages, usagers et compétences informationnelles au XXIe siècle*. Paris, Hermès, 2008, p. 41-70.

Suchman Lucy, « Affiliative Objects », *Organization*, vol. 12, n° 3, 2005, p. 379-399.

Zacklad Manuel, « Processus de documentarisation dans les Documents pour l'Action (DopA) : statut des annotations et technologies de la coopération associée », 2004, en ligne : < http://archivesic.ccsd.cnrs.fr/sic_00001072v1/document>.

Zacklad Manuel, « Evaluation des systèmes d'organisation des connaissances », *Les cahiers du numérique*, vol. 3, n° 6, 2010, p. 133-166.

VII

Le rôle du partage dans les pratiques numériques des lycéens

par Nathalie Pinède et Véronique Lespinet-Najib

I. Questionnement théorique

1. *Ancrage social des pratiques numériques*

C'est un pléonasme de rappeler l'omniprésence du numérique dans les vies connectées d'aujourd'hui. Objets nomades, polymorphes et multi-usages comme les smartphones coexistent avec des médias plus traditionnels comme la télévision et s'insèrent dans la palette des outils et techniques mobilisés, manipulés et inscrits dans la matière du quotidien.

Au vu des multiples études sociocritiques menées depuis plus de trente ans sur le rapport des hommes aux techniques, il est également utile de rappeler, en dépassant toute tentation de déterminisme technologique, la complexité des médiations (humaine, sociale, culturelle, etc.) auxquelles sont associées les multiples déclinaisons technologiques. Les risques majeurs en l'occurrence seraient de surestimer la rationalité instrumentale (instrumentée) tout autant que de la sous-estimer.

M. Akrich parle d'« épaisseur » des dispositifs techniques (Akrich, 1993, p. 90) : « il faut redonner aux dispositifs techniques leur épaisseur, ce qui en fait des médiateurs et non de simples instruments [...] ; il faut montrer comme se constituent conjointement les techniques et leur environnement social et naturel ». On peut parler également de « double médiation », « à la fois technique car l'outil utilisé structure la pratique mais [...] aussi sociale car les mobiles, les formes d'usages et le sens accordé à la pratique se ressourcent dans le corps social » (Jouët, in Beaud *et al.*, 1997, p. 293). Ainsi, la sphère technique et la sphère sociale se trouvent-elles en interactions et interrelations permanentes.

Parlant des TIC (technologies de l'information et de la communication), on peut, à la suite de Bernard Miège, accepter que « l'avancée – incontestable – des Tic procède moins de sauts, de ruptures et d'innovations que de la poursuite de procès complexes et engagés de longue date » (Miège, 2007, p. 17). D'où la notion d'« ancrage social » pour les TIC que l'auteur préfère à celle d'« insertion sociale », la première illustrant mieux les médiations et stratégies sous-jacentes aux croisements des sphères techniques et sociales. Les TIC ne prennent sens et fonctions que dans un processus de communication médiatisée et dans l'articulation avec un tissu social hybride.

Il s'agit donc de voir comment, autour et à partir de dispositifs techniques, s'organise, dans un contexte spatio-temporel identifié, un faisceau de prescriptions (implicites ou explicites), d'actions, de pratiques, participant de formes de négociation, en lien avec la construction de significations. Ainsi, des terrains d'entente sont en permanence négociés entre le poids de la technique et les dynamiques sociales et culturelles s'inscrivant dans un flux temporel constant. Patrice Flichy aborde la question de l'innovation en montrant qu'il existe de multiples manières pour les groupes sociaux de s'approprier une innovation dont l'origine peut être technique. L'auteur prône une anthropologie de la technique qui envisage la combinaison entre « cadre technique » et « cadre de fonctionnement ». Cela aboutit à la constitution d'un nouveau cadre socio-technique qui, loin d'éluder l'importance de l'imaginaire, inclut les représentations des outils techniques et de leurs usages tant chez les concepteurs que dans le public. Dès lors, la dynamique du changement ne peut que s'inscrire dans la durée : « une innovation devient stable à l'issue d'un processus long, lorsqu'il y a alliance entre le cadre de fonctionnement et le cadre d'usage » (Flichy, 1995, p. 190).

Les usages et pratiques du numérique se construisent donc dans un tissu sociotechnique, dense et hétérogène, face auquel nous ne sommes pas tous égaux.

2. *Brève sociographie des jeunes et du numérique*

La question du rapport des jeunes au numérique est évidemment une question fascinante à cet égard. Les « digital native » ou « natifs numériques », selon l'expression popularisée par M. Prensky (Prensky, 2001) au début des années 2000, provoquent nombre de projections et d'imaginaires (positifs ou négatifs), pouvant lisser tant des différences que des constantes dans leurs postures réelles face au numérique. Il s'agit dès lors de ne pas céder à deux types de tentation, celle d'une vision idéalisée reposant sur une forme d'« inné » des techniques dans leur appropriation par les jeunes, ou a contrario, celle d'un regard pessimiste dénonçant les irrémédiables méfaits potentiels (Carr, 2011) de cette immersion numérique, notamment chez les jeunes. La convergence numérique présentée par H. Jenkins (Jenkins, 2006), si elle s'intéresse à l'entrelacement des contenus et à ce que les utilisateurs font avec ces contenus et technologies, reste dans une approche relativement idéalisée, qui passe sous silence certains éléments forts de différenciation, telle la capacité à trier, sélectionner les informations. Ce qui nous renvoie à la question des « pratiques informationnelles », soit la « manière dont l'ensemble des dispositifs (techniques, comme les logiciels, ou non, comme les bibliothèques), des sources (en particulier d'informations, mais aussi les ressources humaines), des compétences cognitives et habiletés informationnelles sont effectivement mobilisés dans les différentes situations de production, de recherche, et de traitement de l'information » (Ihadjadène et Chaudiron, 2009, p. 2).

On reconnaîtra à cette génération de « jeunes » (terme très générique qui nécessite évidemment d'être élucidé) une exposition abondante à nombre de services et contenus numériques, dont ils sont des utilisateurs assidus. Néanmoins, tout « natifs numériques » qu'ils soient, peuvent être différenciés leurs registres de pratiques en fonction d'un certain nombre de facteurs, au rang desquels leurs compétences cognitives, techniques et méthodologiques, sans oublier les facteurs liés à leur milieu social. En effet, au-delà des chiffres d'utilisation massive des outils numériques, tels ordinateurs, smartphones, etc., les inégalités peuvent perdurer longtemps, voire se renforcer dans les pratiques informationnelles. Il est donc indispensable de s'appuyer sur des données de terrain, pour sortir d'effets de généralisation et de dichotomie trop faciles et observer de façon plus fine les interactions entre individus et objets techniques, au sein de sphères entrecroisées : celles du social, du familial et du scolaire.

En l'occurrence, le public de « jeunes » que nous avons étudié, est celui de jeunes lycéens en classe de seconde, soit ayant une quinzaine d'années. L'adolescence est notamment marquée « par une réorganisation des agendas culturels, qui prend une double forme : celle d'une redéfinition des répertoires de loisirs, et celle d'une modification des rythmes de chaque activité » (Mercklé et Octobre, 2012, p. 28) Ces mêmes auteurs soulignent également différents points de bascule qui s'opèrent à ce moment-là, d'un contrôle (familial, scolaire) vers une autonomie de plus en plus grande dans le travail ou les loisirs, ou encore aussi d'un centre de gravité identitaire vers un autre, l'influence du cercle familial diminuant fortement au profit du cercle social et amical. Dans cette logique du passage à l'autonomie et de déplacement des sources d'influence, le numérique joue un rôle considérable, pouvant aller jusqu'à des formes d'accélération de ces processus (Mercklé et Octobre, *op. cit.*). Les lycéens de classes de seconde sont pleinement dans cette transition majeure, entre l'enfance et l'âge adulte, au cœur de trois sphères clefs : la sphère familiale, la sphère scolaire et la sphère sociale. En ce qui concerne les usages du numérique, chacune joue sa partition, avec des effets différenciés. On sait ainsi que la sphère scolaire mobilise deux logiques principales en la matière : une logique d'imposition et une logique d'appropriation (Guichon, 2011). D'autres investigations ont fait émerger, entre 11 et 15 ans, la part décroissante de la transmission familiale au profit d'un accompagnement par les pairs.

Comment se déploient ces logiques multiples dans les usages du numérique ? Sont-elles contradictoires, complémentaires, inutiles pour certaines ? Peut-on voir émerger des effets de métissage entre les différentes sphères ?

Nous allons nous appuyer sur les résultats d'une enquête par questionnaire diffusée à grande échelle auprès d'élèves de seconde dans plusieurs académies françaises pour faire émerger quelques réponses à ces questionnements.

II. Démarche méthodologique et objectifs de l'étude

1. *Présentation de la démarche méthodologique adoptée*

De multiples moyens peuvent être mobilisés dans cette quête nécessaire de données empiriques : observation, recueil ethnographique d'éléments signifiants dans une situation donnée, entretiens semi-directifs, etc. En l'occurrence, le choix d'une enquête par questionnaire permet de faire émerger les traits saillants en matière de pratiques autour du numérique, sans pouvoir bien entendu dessiner des singularités fines, hormis celles captées au travers des verbatims recueillis à travers les questions ouvertes.

L'objectif de notre enquête massive est double : d'une part, déterminer l'état des usages et des pratiques numériques déclarés; d'autre part, mettre en évidence les représentations en jeu autour de ces questions. Ce double objectif s'inscrit à la fois au plan des logiques sociales et des logiques scolaires. Par ailleurs, il s'agit de garder en tête la perspective translittéracique dans laquelle s'inscrit cette démarche, et donc, de travailler notre questionnaire à l'intersection de ses trois sphères fondatrices, soit les médias (dimension événementielle), les outils (compétences numériques) et l'information (pratiques et méthodes).

Sur la base de ces principes, nous avons organisé notre questionnaire autour de deux grands mouvements (chez soi/au lycée), afin d'avoir un positionnement plus "parlant" pour l'élève répondant. À l'intérieur de chacun de ces mouvements, nous avons pu décliner les éléments constitutifs de l'approche translittéracique, notamment à travers les thématiques suivantes :

– recherche d'informations concernant l'actualité (quels thèmes, par quels moyens de recherche, quels modes de partage) ;

– outils numériques personnels / scolaires (lesquels, pour quel usage et où) ;

– centres d'intérêts (quels thèmes, par quels moyens de recherche, quels modes de partages).

Une troisième partie, à travers des questions ouvertes, nous permet de recueillir du discours autour de la porosité des pratiques d'un univers à l'autre. Enfin, une partie identification nous donne quelques éléments de caractérisation pour le profil des élèves interrogés.

Quatre académies ont été visées : l'académie de Bordeaux, l'académie de Besançon, l'académie de Poitiers et l'académie de Lyon. Ainsi que nous l'avons dit précédemment, la cible était les secondes générales et technologiques ainsi que les secondes professionnelles, tous lycées confondus (publics ou privés sous contrat). Après accord des rectorats concernés, nous avons diffusé cette enquête par questionnaire en ligne, via la plateforme Sphinx, en nous appuyant sur la médiation des proviseurs de lycées, des professeurs principaux des classes de seconde et des professeurs documentalistes. La campagne de diffusion s'est étalée d'avril à juin 2014. Le questionnaire est bien entendu totalement anonyme et la durée maximum de passation est de maximum 20 minutes.

Dans le cadre de cette présentation, et à partir des données de cette enquête, nous souhaitons apporter un éclairage particulier sur le rôle des relations familiales et/ou entre pairs autour des usages numériques des jeunes, en nous intéressant notamment aux dynamiques de partage des informations en lien avec les actualités et les loisirs.

2. *Description de notre échantillon*

Au total, 631 établissements ont été ciblés sur les quatre académies impliquées dans l'enquête (Bordeaux, Besançon, Poitiers et Lyon) et 201 établissements (sur les 631 ciblés au départ) ont répondu à notre enquête, soit ⅓ des établissements. 6 090 élèves de seconde ont répondu mais seuls 5 715 questionnaires sont exploitables (certains présentaient des données incomplètes, farfelues, etc.).

Sur ces 5 715 répondants retenus, 32 % sont issus de l'académie de Besançon, 27 % de l'académie de Lyon, 21 % de l'académie de Poitiers et 20 % de l'académie de Bordeaux. 53,7 % des répondants sont de sexe féminin et donc 46,3 % de sexe masculin.

Comme illustré dans le Tableau 1, on retrouve, dans notre échantillon, une grande majorité de lycées publics et de seconde générales et technologiques. Notre répartition est représentative des données nationales (MENESR-DEPP *Repères et références statistiques : Les élèves du second degré*, 2014).

Tableau 1. Répartition de notre échantillon et des données nationales selon le type de lycée et selon le type de seconde.

	Type de Lycées		Type de Secondes	
	Lycée public	Lycée privé sous contrat	Seconde générale et technologique	Seconde professionnelle
Notre échantillon (n = 5 715)	89 %	11 %	70 %	30 %
Données nationales	78 %	22 %	64 %	36 %

III. Résultats

Nous présenterons certains éléments significatifs issus de notre enquête, en dissociant dans un premier temps les éléments liés à la sphère privée, c'est-à-dire aux usages du numérique hors cadre et lieu institutionnel, de ceux liés à la sphère scolaire, c'est-à-dire impulsés par ou en relation avec l'institution. Nous présenterons également quelques résultats issus de nos questions à propos des réinvestissements réciproques entre les sphères personnelle et scolaire.

1. *Sphère privée*

1.1. Résultats concernant les usages des outils numériques

Plusieurs questions portaient sur les usages d'outils numériques au sein de la sphère privée.

Ainsi, il apparaît que le smartphone est utilisé par 95 % des répondants, suivi de l'ordinateur portable (88 %), de l'ordinateur fixe (67 %), de la tablette numérique (57 %) et en dernier la console de jeux (41 %).

Au-delà de ce déclaratif d'usage par outil numérique, il est intéressant de savoir quels outils appartiennent en propre aux lycéens. Or, il apparaît que les élèves de seconde sont sur-équipés personnellement puisque 87 % disent avoir un smartphone qui leur appartient, 61 % un ordinateur portable, 46 % une console jeux, 30 % une tablette numérique, 20 % un ordinateur fixe et seulement 2 % des répondants disent n'avoir aucun équipement numérique personnel.

Il est également intéressant d'identifier dans quel(s) lieu (x) sont utilisés ces outils numériques, ce qu'illustre le Tableau 2. Le smartphone est largement utilisé partout, indépendamment du lieu (chambre, salon, ailleurs dans la maison, dans les transports, au lycée), alors que la tablette numérique est utilisée essentiellement dans la chambre et le salon. Quant à l'ordinateur portable, il est utilisé majoritairement dans la chambre, l'ordinateur fixe consacrant plutôt pour sa part un usage au lycée.

Tableau 2. Répartition des réponses à la question "Dans quel(s) lieu (x) utilises-tu principalement... ?".

	Chambre	Salon	Ailleurs dans la maison	Dans les transports	Au lycée
Ordinateur fixe	16 %	26 %	22 %	0 %	31 %
Ordinateur portable	67 %	48 %	29 %	4 %	4 %
Smartphone	86 %	75 %	74 %	79 %	74 %
Tablette numérique	36 %	36 %	25 %	7 %	4 %

En ce qui concerne les usages associés à ces outils, ils correspondent à des finalités diversifiées et à des fréquences d'utilisation variées :

– les usages quotidiens sont essentiellement : chatter (pour 75 % des répondants) ; faire son travail scolaire (44 %) ; écouter de la musique et regarder des vidéos (44 %), publier sur des réseaux sociaux (33 %) ;

– les usages hebdomadaires sont par ordre décroissant d'importance : faire son travail scolaire (33 %) et publier sur des réseaux sociaux (25 %) ;

– quant aux usages plus marginaux, à une fréquence d'ordre mensuel, ils concernent les achats en ligne (51 %), l'envoi de mails (31 %) et la discussion en visio (27 %).

Il est à noter que certains usages ne sont absolument pas plébiscités par les élèves de seconde : 90 % disent ne jamais pratiquer l'activité de blog, 67 % déclarent ne jamais avoir recours à Twitter, 41 % n'utilisent pas d'outils de création de photo et enfin, 36 % n'envoient jamais de mails.

1.2. Résultats concernant l'actualité

Un autre élément intéressant à faire valoir ici est le rapport à l'actualité. En l'occurrence, 41 % des répondants disent s'informer sur l'actualité de façon quotidienne, 39 % 1 à 2 fois par semaine, 14 % de façon mensuelle et seulement 6 % jamais.

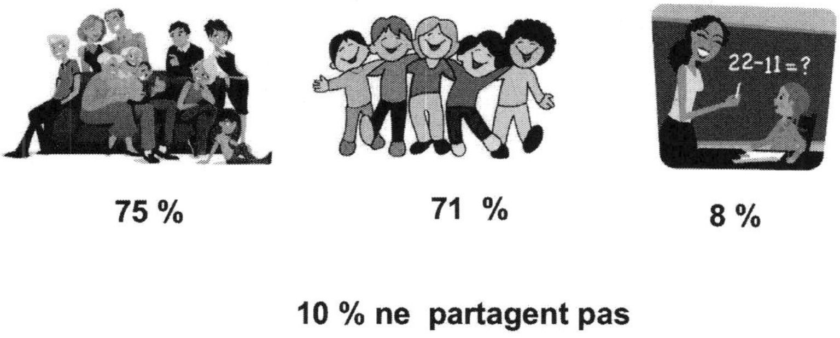

Figure 1. % de réponses à la question “Partages-tu ces informations avec…”

Pour ceux qui disent s’informer sur l’actualité, 75 % partagent les informations avec leur famille, 71 % avec leurs camarades, 8 % avec leurs professeurs, et 10 % ne partagent pas ces informations (cf. Figure 1).

Le nuage de tags présenté Figure 2 illustre les thèmes d’actualité préférentiellement recherchés par ordre d’importance : le sport, la politique, la musique, l’actualité générale ainsi que celle relative à l’international se détachent largement.

Figure 2. Nuage de tags illustrant les thèmes d’actualité préférentiellement recherchés par les adolescents (généré à l’aide du site < www.worldle.net >)

1.3. Résultats concernant les centres d’intérêts

39 % des répondants disent rechercher des informations par rapport à leurs centres d’intérêt de façon quotidienne, 39 % 1 à 2 fois par semaine, 16 % de façon mensuelle et seulement 6 % jamais.

Les moteurs de recherche (pour 79 %) sont privilégiés pour rechercher des informations sur leurs centres d'intérêts, suivi de la recherche de vidéos (66 %), des copains (66 %), Facebook (63 %), télévision (60 %) et famille (58 %), etc.

Pour partager ces informations, les adolescents privilégient largement soit le face-à-face (76 %) soit les SMS/MMS (73 %).

Le nuage de tags présenté Figure 3 illustre les centres d'intérêts par ordre décroissant d'importance : le sport, la culture, les relations sociales, les sciences et techniques, les loisirs créatifs, etc.

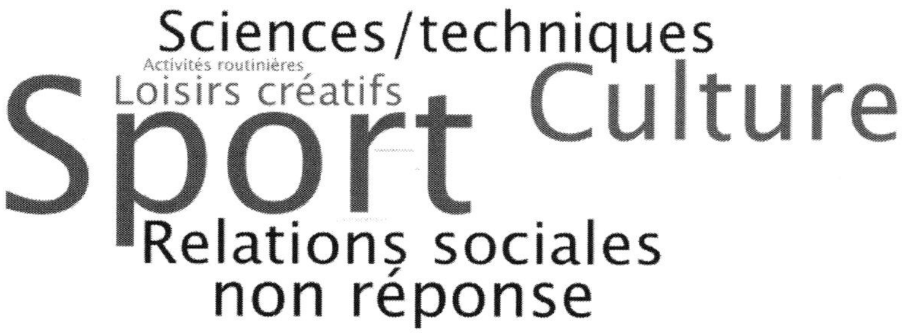

Figure 3. Nuage de tags illustrant les centres d'intérêts préférentiels des adolescents (généré à l'aide du site < www.worldle.net >)

2. *Sphère scolaire*

2.1. Résultats concernant l'actualité

Dans le cadre scolaire, seulement 26 % des élèves estiment recevoir des conseils sur des revues, des sites web liés à l'actualité de la part de leurs enseignants, alors qu'un tiers d'entre eux considère ne recevoir aucun conseil de la part de leur enseignant. De façon largement majoritaire, 90 % des élèves répondants déclarent ne pas participer à des productions de type médias (blog, article, etc.), et ne sont donc pas mis en situation de participation active à la médiatisation de l'actualité.

Enfin, dernier élément significatif pour cette partie, 59 % des élèves ne vont jamais spontanément au CDI pour chercher des informations sur l'actualité. Seuls 8 % y vont seuls, 33 % y allant avec des camarades.

2.2. Résultats concernant les équipements numériques

En ce qui concerne les équipements numériques accessibles aux élèves dans l'enceinte de l'établissement, 95 % déclarent que des ordinateurs fixes sont mis à leur disposition au sein de leur établissement, 12 % mentionnent des ordinateurs portables et seulement 10 % d'autres types d'équipements (appareil photo numérique, tableau numérique interactif, enregistreur numérique, etc.). Ces équipements servent pour 63 % à préparer des exposés et 61 % à faire des recherches. Enfin, 35 % des répondants déclarent ne pas avoir reçu de formation à la recherche d'informations, contre 22 % déclarant en avoir reçu. Plutôt étonnant, 43 % ne savent pas s'ils ont reçu ce type de formation…

3. *Métissage entre les sphères*

Le métissage entre les sphères privée et scolaire a été abordé à travers deux questions permettant d'aborder le réinvestissement des acquis scolaires dans les pratiques personnelles, et vice-versa. Il est important de préciser que ces deux questions ont été difficiles à traiter par les élèves puisque quasiment 1 élève sur 2 n'a pas su répondre. On voit ici poindre les limites d'une enquête par questionnaire sur les usages du numérique par les jeunes, car il manque la dimension de l'interaction pour rendre abordable à tous un questionnement complexe. Néanmoins, la taille de notre échantillon est suffisante pour que celui-ci puisse absorber certaines limites inhérentes à l'instrument d'investigation.

3.1. De la sphère scolaire à la sphère privée…

Nous avons demandé aux élèves d'essayer de mettre en relation les deux sphères. Dans un premier temps, de la sphère scolaire à la sphère privée, nous avons posé la question suivante : "Réutilises-tu dans ta vie personnelle, ce que tu as appris au lycée concernant le numérique ?". Les résultats obtenus sont illustrés Figure 4. Ainsi, 1 élève sur 4 déclare réutiliser dans la sphère privée des éléments liés au numérique appris en contexte scolaire : il s'agit essentiellement des logiciels (comme Power Point, Excel, etc.). Quant aux autres répondants, soit ils ne savent pas comment se positionner par rapport à cette question, soit ils affirment clairement (à 28 %) ne pas le faire car n'en ayant pas besoin.

Figure 4. Réponses en % obtenues à la question “Réutilises-tu dans ta vie personnelle, ce que tu as appris au lycée concernant le numérique ?”

3.2. De la sphère privée à la sphère scolaire…

Dans un second temps, de la sphère privée à la sphère scolaire, la question : « As-tu des pratiques numériques personnelles au sein de ton lycée ? », a permis d’obtenir les résultats suivants (Figure 5). Ainsi, moins d’1 élève sur 4 déclare avoir une pratique personnelle numérique au sein de son établissement scolaire et cela concerne l’usage du smartphone à visée personnelle (SMS, MMS, etc.). Quasiment un tiers d’entre eux déclare ne pas utiliser d’outils numériques, notamment en raison d’interdiction d’usage.

Figure 5. Réponses en % obtenues à la question suivante “As-tu des pratiques numériques personnelles au sein de ton lycée ?”

IV. Discussion

Les objectifs de notre travail de recherche étaient la mise en évidence de logiques multiples dans les usages du numérique des adolescents et la compréhension de ces usages à travers les sphères scolaires et personnelles dans lesquelles gravitent les adolescents. Nous ne discuterons ici que des principaux résultats permettant de mieux cerner la réalité du numérique dans la vie des adolescents, notamment dans une perspective de partage. Ces résultats seront discutés selon d'une part la sphère privée et d'autre part, la sphère scolaire.

Au sein de la sphère privée, les résultats de notre enquête mettent en exergue plusieurs points importants.

Le premier concerne le rôle central du smartphone, cet outil numérique est omniprésent (partout et en tout lieu), correspondant à un véritable prolongement du corps de l'adolescent quasi indissociable de sa personne. De plus il est omnipotent car son rôle est multiple : communiquer, rechercher, partager, etc. Ce constat confirme d'autres études menées dans d'autres pays comme le rapport James en 2014 effectué auprès des jeunes vivant en Suisse (Willense *et al.*, 2014). Le smartphone reste un outil de lien social fort permettant de communiquer et de partager des informations avec autrui (famille et amis).

Le deuxième point concerne les pratiques informationnelles autour de l'actualité et/ou les centres d'intérêts. Les adolescents ont majoritairement des pratiques informationnelles autour de ces deux thèmes (actualités et centres d'intérêts) non seulement ils recherchent des informations, et dans ce cadre-là la télévision reste un média privilégié, mais ils les partagent aussi dans la sphère familiale et sociale. Deux points sont à relever : tout d'abord, à cet âge charnière de 15 ans, sphère familiale et sphère sociale sont des lieux d'ancrage complémentaires pour les pratiques numériques et le partage. D'autre part, à l'instar d'autres études, il faut insister sur le « comportement plurimédiatique » des adolescents (Amey, 2013). Certes, le smartphone apparaît comme objet unanimement partagé, bien au-delà de la population des lycéens étudiée ici (« nous partageons bien une chose commune, cette connexion à un dispositif, qui nous rassemble, mais séparément » (Boullier, 2011, p. 44). Néanmoins, cette omniprésence connectée via le smartphone n'est pas synonyme d'exclusion d'autres médias et moyens d'accéder aux informations et actualités. Seul l'usage traditionnel de la presse papier comme média de pratique informationnelle apparaît très peu représenté voire quasi inexistant. Cet aspect est aussi lié à l'âge de la population interrogée (15 ans en moyenne), car les pratiques de lecture de presse (papier ou en ligne) tendent à augmenter ensuite, notamment vers l'âge de 18 ans (Amey, 2013).

Les thèmes d'actualités et de centres d'intérêts sont assez classiques : sport et politique pour l'actualité, sport et musique et sorties pour les centres d'intérêts. Mais ce qu'il est particulièrement intéressant de souligner, c'est que les adolescents interrogés favorisent la recherche de l'autre pour partager les informations importantes, non seulement via une communication instrumentée (téléphone, réseaux sociaux) mais aussi via le face-à-face. Nous sommes donc bien dans des pratiques informationnelles numériques socialisées, inscrites dans une dynamique d'affiliations connectées.

Nous allons maintenant discuter des résultats au niveau de la sphère scolaire. Ainsi, si on s'intéresse aux pratiques autour des actualités et des médias, les élèves ne se sentent pas réellement soutenus par les enseignants en termes de conseil, de projet. Les seuls éléments qu'ils retiennent concernant l'apprentissage des technologies (les logiciels, les applications). De plus, l'environnement technique est restreint et se limite essentiellement à la présence d'un ordinateur fixe, pas toujours en libre-service. Le CDI n'est pas perçu comme un lieu accessible et ouvert en dehors des projets scolaires, il est même vécu comme un lieu obligatoire, où les élèves ne vont pas de façon spontanée. La perception des élèves sur les apports autour des questions des médias ou du numérique apparaît donc faible et peu efficace. Les élèves ne voient pas vraiment l'utilité des enseignements et surtout leur finalité.

Conclusion

Ainsi que nous l'avons déjà dit, notre enquête, par la forme même qui est la sienne, ne peut faire émerger des pratiques fines et fortement singularisées. Néanmoins, elle permet de mettre à jour certaines tendances venant corroborer d'autres résultats d'études similaires. Au premier plan, la réalité d'un métissage de pratiques se retrouve sur de nombreux plans : hybridation des supports, des usages, des lieux, des sphères (sociales/familiales) mais aussi des thématiques, où actualités et centres d'intérêt personnels viennent souvent se superposer. Le numérique participe à une dynamique d'échange et de partage, en particulier selon deux plans, entre générations et dans la communauté sociale d'inscription. Au plan générationnel, l'on voit bien se dessiner à travers notre enquête un constat nouveau : « Là où les générations précédentes entraient en opposition (les cultures jeunes comme contre-cultures), les jeunes générations entrent en cohabitation : les parents, anciens tenants des cultures jeunes des années 1970, ont fait leur idée selon laquelle chaque âge et chaque génération était porteuse d'une culture », autorisant dès lors des « formes de transmission ascendante et descendante » (Mercklé et Octobre, 2012, p. 36-37). Quant aux logiques de partage social, avec les copains, on voit bien émerger ces phénomènes de mise en circulation de l'information accélérés par le numérique. Néanmoins, ces impulsions et passerelles offertes par les multiples outils du numérique n'enferment pas le lycéen dans un monde immatériel : l'hybridation réel / virtuel émerge de façon significative, le virtuel venant en renfort d'un besoin réaffirmé de présentiel. Par contre, la sphère scolaire apparaît relativement disjointe des deux autres sphères. La logique d'imposition crée peu les conditions de l'appropriation qui se développent intensivement à la marge de l'institution scolaire dans tous les autres lieux de socialisation (amis, famille). Ce constat n'est évidemment pas exempt de risque, car les inégalités sociales peuvent être grandes : de nombreuses études, françaises et internationales, ne cessent de montrer, sur de multiples corpus (par exemple, Kerneis *et al.*, 2012; Ritzpaut *et al.*, 2013), le poids de contextes familiaux et socioculturels singularisés pouvant représenter autant de sources de d'inégalités au plan du numérique.

Le lycéen de 15 ans, tel qu'il se dégage d'une vision globale de notre enquête, orchestre donc avec virtuosité des univers multiples mais articulés entre eux, entre permanences de certains repères (médiatiques – télévision –, ou familiaux) et émergence forte de logiques de flux croisés (du réel au virtuel, et vice-versa).

Bibliographie

Akrich Madeleine, « Les formes de la médiation technique », *Réseaux*, n° 60, 1993, p. 87-98.

Amey Patrick, « Les jeunes et les usages des médias : des pratiques info-relationnelles », in Badillo P. et Roux D. (Éd.), *L'avenir est-il E-media ?*, Éditions Economica, 2013, p. 122-134.

Boullier Dominique, « Habitèle virtuelle. » In *Revue Urbanisme*, Publications d'architecture et d'urbanisme, 2011, p. 42-44.

Carr Nicholas, *The shallows : What the Internet is doing to our brains*, WW Norton & Company, 2011.

Flichy Patrice, *L'innovation technique. Récents développements en sciences sociales : vers une nouvelle théorie de l'innovation,* Paris, Éditions de la Découverte, 1995.

Guichon Nicolas, « Les usages des TIC par les lycéens – déconnexion entre usages personnels et usages scolaires », *Revue STICEF*, vol. 19, 2012.

Ihadjadène Madjid et Chaudiron Stéphane « Des processus aux pratiques : quels modèles informationnels pour analyser l'accès à l'information en contexte professionnel ? », in GRESEC, *Evolutions technologiques et information professionnelle : pratiques, acteurs et documents*, 2009, p. 1-12.

Jenkins Henry, *Convergence culture : where old and new media collide*, New-York, NY University Press, 2006.

Jouët Josiane, « Pratiques de communication et figures de la médiation. Des médias de masses aux technologies de l'information et de la communication », *Sociologie de la communication*, vol. 1, 1997, p. 291-312.

Kerneis Jacques, Coutant Alexandre, Assogba Henri et Stenger Thomas « Les natifs numériques profitent-ils de la convergence ? Constats nuancés et pistes de réflexion pour les éducateurs », *Études de communication*, n° 38, 2012, p. 53-68.

Merckle Pierre et Octobre Sylvie « La stratification sociale des pratiques numériques des adolescents », *RESET*, 2012, p. 25-52.

Miège Bernard, *La société conquise par la communication : tome III, Les TIC entre innovation technique et ancrage social*, Grenoble, PUG, 2007.

Prensky Marc, « Digital natives, digital immigrants », *On the Horizon*, vol. 9, n° 5, 2001, p. 1-6.

Ritzhaupt Albert, Liu Feng, Dawson Kara et Barron Ann « Differences in student information and communication technology literacy based on socio-economic status, ethnicity, and gender : Evidence of a digital divide in Florida schools », *Journal of Research on Technology in Education, 45* (4), 2013, p. 291-307.

Willemse Isabelle, Waller Gregor Genner, Susan, Suter Lilian, Huber, Anna-Lena et Süss Daniel *JAMES – Jeunes, activités, médias – enquête Suisse.* Zurich : Haute école des sciences appliquées de Zurich (ZHAW), 2014.

VIII

Affiliations numériques et postures enseignantes : vers une redéfinition de la communauté d'apprentissage ?

par Anne Cordier et Anne Lehmans[1]

Parce que l'adolescence est une période de la vie marquée par la négociation permanente entre différentes sphères sociales (famille, amis, école) et caractérisée par la recherche paradoxale d'un positionnement par rapport à une norme établie (Pasquier, 2005 ; Balleys, 2010 ; Galland, 2011), les questions de sociabilités et d'affiliations sont particulièrement étudiées chez les jeunes. C'est beaucoup moins le cas lorsqu'il s'agit de considérer la construction identitaire professionnelle et les pratiques des enseignants, ainsi que leur place dans les processus d'affiliation à l'œuvre à l'école. La question de l'affiliation ne semble pas se poser pour eux. Et pourtant, les investigations que nous avons menées dans le cadre du protocole collectif de recherche déployé au sein de l'ANR Translit mettent en lumière la complexité et la richesse des processus d'affiliations chez les professeurs. Les processus en question concernent leur positionnement professionnel dans leurs relations aux autres enseignants et aux adultes de l'établissement, mais aussi leur positionnement éducatif dans la perception qu'ils ont de leur rôle comme créateurs de liens, facilitateurs d'apprentissages entre pairs, et enfin leur positionnement personnel dans la relation d'affiliation qu'ils peuvent tisser avec les élèves dans le cadre pédagogique. Ce dernier

1. Cette contribution s'intègre dans le cadre du projet ANR Translit.

processus peut jouer dans les deux sens : ils accompagnent certains élèves, ils sont aussi parfois accompagnés. Le constat de cette réciprocité possible, de l'existence d'une communauté de pratique dans laquelle élèves et enseignants peuvent co-construire, à travers des processus de transfert, de transition, de transaction, a déjà été repéré dans le projet Translit (Cordier et Lehmans, 2015).

Problématisation

À travers l'analyse des entretiens et observations centrés spécifiquement sur les enseignants du second degré, se pose la question de la classe et de l'établissement scolaire comme organisations apprenantes, entendues comme des organisations « où les gens apprennent continuellement à apprendre ensemble » (Senge, 1997). Une telle conception nous semble liée aux postures enseignantes à l'œuvre, vis-à-vis du statut social de l'enseignant tel qu'il est porté par l'institution, mais aussi vis-à-vis des apprenants, et de l'ensemble de l'écosystème de formation. Par "posture enseignante", nous entendons les modes d'ajustement de gestes professionnels à la situation. La posture suppose un processus à prendre en compte, reliant le corps (le positionnement physique dans le monde), l'action – qui s'opère dans l'interaction –, et la réalisation dans des situations professionnelles. Plus précisément, considérant la posture enseignante au sein de l'acte d'enseignement-apprentissage dans le cadre de la formation pour adultes, Guy Le Bouëdec (2007) distingue quatre types de postures éducatives, qui correspondent, selon lui, à l'expression du rôle que le professeur entend assumer : la posture d'autorité (l'enseignant endosse alors un statut de « professionnel », « au-dessus » des apprenants) ; la posture contractuelle (le professeur se situe « derrière » les apprenants, adoptant la figure de « l'enseignant ») ; la posture d'animation (dans laquelle le professeur, "au milieu" des apprenants, assume davantage une fonction de formateur) ; et enfin la posture d'accompagnement (le professeur assure un rôle d'éducateur « aux côtés de » l'apprenant). La posture enseignante engage également la dimension des « gestes professionnels », tels que définis, qualifiés et catégorisés par Anne Jorro (2006) : gestes langagiers, de mise en scène, d'ajustement, et éthiques, se déploient en fonction de la situation de classe. La chercheuse en Sciences de l'éducation attire notre attention sur le fait que ces gestes professionnels dépassent largement le cadre procédural. Leur portée est aussi émotive et symbolique, car se joue avec eux la transmission de valeurs éducatives.

Entrer dans la problématique des affiliations numériques par l'analyse des postures des enseignants permet de mettre en lumière les contraintes et ressources dont ceux-ci disposent, consciemment ou non, pour agir dans le cadre institutionnel, et accomplir les missions qui sont les leurs auprès des élèves. Le concept d'affiliation, en ce qu'il sous-tend la volonté, émanant d'un individu, d'adopter une norme partagée par un groupe (Coulon, 1999), est fécond pour donner à voir les imaginaires collectifs auxquels se rallient les acteurs rencontrés, soucieux de rejoindre un système de valeur et les habitus d'un groupe (Giust-Desparieries, 2003). L'acteur s'engageant dans une démarche d'affiliation est à la recherche d'un gain, lequel se traduit diversement : intégration, reconnaissance, développement d'expertise, place dans le monde. Quoi qu'il en soit, ce gain est non négligeable, et il est clairement exprimé.

Méthodologie de recherche

Concrètement, après avoir observé des projets pédagogiques interdisciplinaires engageant le numérique, nous avons mené des entretiens semi-directifs individuels avec les enseignants concernés par ces projets. Ces entretiens portaient sur leur regard sur le projet, mais aussi plus largement sur leur relation au numérique, à la fois en tant qu'enseignants et êtres sociaux, leur sentiment d'expertise et leurs pratiques pédagogiques. Précisons que les enseignants de notre étude, s'ils ont été engagés dans des projets incluant le numérique – à des degrés extrêmement divers –, ne sont pas pour autant nécessairement rompus aux technologies numériques (« Faut bien faire avec, même si je suis pas au point », confie une enseignante d'Anglais), ni même favorables spontanément (« Avec [le professeur documentaliste] j'ai pas trop le choix », exprime un professeur de Sciences économiques et sociales). Le tableau ci-dessous, présentant les enseignants interrogés pour cette étude, montre que toutes les générations sont représentées, et les disciplines scientifiques comme humanistes. Certains enseignants se déclarent à l'aise dans le monde numérique, d'autres pas du tout.

Nous avons exploité les données issues d'observations et entretiens menés auprès de 10 enseignants de 3 lycées différents, dont les caractéristiques générales sont reportées dans le tableau ci-dessous.

Tableau 1 : Caractéristiques sociales des enseignants interrogés

Discipline	Genre	Âge	Ancienneté Profession	Formation initiale
Lettres Modernes	Femme	44 ans	18 ans	Maîtrise Lettres Modernes
Histoire-Géo.	Homme	28 ans	6 ans	Licence Histoire option géo
Info-Documentation	Homme	37 ans	12 ans	Maîtrise Sciences de l'Information
Sciences Eco.	Femme	32 ans	8 ans	Master Sciences Eco.
Anglais	Femme	52 ans	26 ans	Maîtrise Anglais
Lettres Modernes	Femme	60 ans	32 ans	Maîtrise Lettres Modernes CAPES
Histoire-Géo.	Homme	34 ans	10 ans	Agrégation Histoire
Info-Documentation	Femme	59 ans	23 ans	DUT Doc DEA Anthropo FLE
Sciences Physiques	Homme	60 ans	34 ans	
SVT	Femme	33 ans	8 ans	Agrégation

Pour cette contribution, nous verrons dans quelle mesure les enseignants s'auto-instituent dans la relation d'affiliation, le rôle que l'institution scolaire les incite à jouer – selon eux – dans cette relation, et dans quelle mesure l'irruption du numérique dans l'organisation facilite ou freine l'émergence de phénomènes de collaboration implicite. En effet, le concept d'affiliation relève, certes, de l'institution et de ses injonctions (l'inscription sociale), mais aussi et surtout de la relation que les individus s'autorisent ou pas à créer, entretenir et développer (la construction identitaire).

I. Les compétences numériques comme injonctions

« Être prof aujourd'hui... » : cette expression est récurrente dans les propos tenus par les enseignants que nous avons interrogés, témoignant ainsi d'une injonction intégrée. Les enseignants font part de compétences et pratiques pédagogiques qu'ils identifient comme indispensables désormais.

1. *Des injonctions institutionnelles*

Tous les enseignants insistent sur le fait que leur maîtrise disciplinaire, si elle constitue une base essentielle de leur savoir expert, est tout à fait insuffisante pour relever les missions qui leur incombent. Un enseignant d'Histoire, professeur depuis 2010, rapporte ainsi les paroles de son tuteur de terrain, lorsqu'il était fonctionnaire stagiaire : « Ok, tu maîtrises ta discipline, c'est bien, mais pour être enseignant aujourd'hui, il faut que tu travailles avec de l'informatique ». Cette conscience forte a entraîné chez chacun-e l'identification de compétences nécessaires, liées aux outils numériques, de la capacité à rechercher l'information à celle d'exploiter un outil numérique nouveau. Une professeure de Lettres insiste : pour elle « être prof aujourd'hui, ça nécessite d'avoir des compétences bien au-delà de celles qui sont validées par l'obtention du CAPES ».

C'est souvent sur le terrain de la discipline que beaucoup d'enseignants continuent de construire leur identité, y compris pour les compétences numériques. Dans nos entretiens, une différence apparaît entre les enseignants des humanités et des sciences expérimentales, l'appartenance disciplinaire ayant beaucoup plus de poids que la génération ; ainsi, un professeur d'Histoire, 34 ans, reconnaît : « Il y aurait sûrement possibilité de faire cours différemment... mais je ne m'y connais pas assez en informatique... [...] je n'ai jamais fait... je suis resté, dans des formes plus classiques ». Tout autant que son collègue de 60 ans : « Étant enseignant de Sciences Physiques, j'utilise des logiciels libres et qui sont affectés à la Physique et quand je fais cours, ou pour certains TP, j'utilise ces logiciels ». Pour ce dernier, l'usage de l'informatique comme outil au service de son domaine scientifique et de sa discipline est constitutif de la culture professionnelle. Les enseignants de mathématiques ou de sciences et vie de la terre se sont également acculturés durant leurs études à l'informatique, qui n'est plus du tout un obstacle technique. Ce n'est pas le cas du professeur d'histoire-géographie, pourtant jeune, pour qui la « forme classique » de l'enseignement repose sur la lecture attentive et solitaire de documents dans des livres, tout autre mode d'entrée dans les apprentissages étant considéré comme parasite. Une enseignante de Lettres envisage les possibilités de travailler autrement avec le numérique, dans lequel elle voit une fenêtre sur le monde de la culture à l'intérieur d'un cours magistral, mais le bouleversement de ses pratiques enseignantes lui apparaît trop lourd à prendre en charge. Il faut cependant différencier informatique et numérique. L'aisance avec les outils informatiques liés à la discipline ne va pas nécessairement de pair avec une ouverture sur les pratiques socio-numériques par exemple.

Sur le terrain des savoirs disciplinaires, la question de l'affiliation avec les élèves ne se pose pas, puisque la relation est d'ordre magistral le plus souvent. Le numérique peut alors être vécu comme perturbateur de l'ordre sur le territoire disciplinaire, et facteur de malaise parce que les enseignants perçoivent une possibilité de changement mais sont désarmés pour l'intégrer dans ce qu'ils ont appris de leur métier.

2. *Des injonctions sociales*

Si de nouvelles compétences apparaissent nécessaires, c'est aussi que les pratiques pédagogiques évoluent, de manière prégnante. Pour un professeur d'Histoire, il s'agit de répondre à une attente forte : « On attend d'un professeur qu'il soit capable de travailler avec le numérique ». Mais qui est donc ce « on », ce « tiers-absent » (Charaudeau, 2004) qui émaille les propos tenus par ces enseignants ? Un professeur documentaliste résume : « « On », c'est la société, les parents, nos inspections – même si elles nous donnent pas toujours les moyens de le faire d'ailleurs ! – et puis les élèves, bien sûr. Les élèves qui ont besoin qu'on soit « raccord » avec eux, avec leurs pratiques ». Car les enseignants rencontrés insistent tous sur la volonté de faire correspondre leurs pratiques pédagogiques aux « nouvelles attentes des élèves », pour reprendre l'expression d'une enseignante de Lettres : « ils sont habitués à des outils rapides, efficaces, alors même si on doit pas tomber dans le numérique pour le numérique, ce qui serait démagogique, on se doit de penser nos pratiques pédagogiques autrement ».

« Le numérique », pour les enseignants, change non seulement leur propre rapport aux savoirs disciplinaires, mais aussi leur façon de penser la pédagogie, particulièrement dans la prise en compte de la dimension collective et sociale de la classe. Tous pointent les changements apportés par le numérique sur les effets de groupe. Un professeur de Sciences Physiques souligne par exemple l'importance de l'effet Pygmalion dans les groupes d'élèves, l'intrusion plus importante des parents ou des grands frères qui prêtent leurs outils, initient à leur usage, aident dans les recherches, réécrivent parfois les travaux. Une enseignante de Lettres raconte qu'elle a le sentiment que le « travail personnel fourni par l'élève est en réalité un travail collaboratif... qu'(elle) n'a pas voulu comme tel », consciente que les adolescents soumettent les sujets donnés en classe sur des pages Facebook, notamment, pour obtenir de l'aide. Elle se souvient même d'une élève lui opposant à la note rendue devant la classe un argument qui l'a désarçonnée : « J'ai demandé de l'aide sur un forum, et celle qui m'a aidée, c'est une étudiante en lettres, elle sait ce qu'elle dit », rapporte l'enseignante, encore marquée par cet échange. Un échange qui l'a conduite à « penser autrement le travail personnel », et, selon ses propres dires, à « accepter qu'[elle] n'étai[t] pas la seule à pouvoir apporter [son] savoir disciplinaire aux élèves ». Une collègue note pareillement que ses élèves trouvent sur internet le corrigé d'un devoir qu'elle donne en classe et le recopient. Elle en déduit également qu'elle doit changer de stratégie.

Tout se passe comme si le numérique, par son intrusion dans l'espace scolaire, ouvrait une brèche dans l'ordonnancement des disciplines et contraignait les acteurs à repenser la relation pédagogique comme une expérience profondément sociale. Dans ce sens, s'il n'est pas une baguette magique, le numérique, en imposant des gestes professionnels en réponse à des comportements nouveaux des élèves, a un effet sur les modes d'appariement.

II. Affiliations et modes d'appariement

Les enseignants ont le sentiment, fortement ancré, de devoir répondre à des attentes nouvelles liées à leurs missions d'enseignement. On perçoit à travers leurs discours un véritable « habitus » social se constituer. Les processus d'affiliation qui se mettent en place font émerger une nouvelle conception de la communauté d'apprentissage, dans laquelle le « pair » peut être un autre enseignant comme un élève.

1. *Les cadres de l'affiliation*

Interroger les enseignants, tous âges et toutes disciplines confondus, sur leur formation au numérique, nous a permis de dégager trois grands cadres des expériences et des processus d'affiliations qui sont les leurs.

Le premier cadre d'affiliation qu'ils évoquent, bien que fortement minoré dans les expériences relatées, est celui de l'institution, qui apparaît assez défaillante, si l'on en croit leurs propos. Le regard porté par ces enseignants sur les formations au numérique, qui leur ont été dispensées dans leur formation initiale ou continue, est très critique. Un professeur documentaliste les qualifie même de « nulles », dénonçant « un kit de montage, pas de réflexion pédagogique proprement dite, et surtout l'impression d'être formé toujours « en retard » sur ce qui se fait ». Son collègue d'Histoire, formé récemment, relate son expérience de formation initiale : « J'ai eu une formation, d'une demi-journée, sur l'utilisation dite pédagogique d'un ordinateur. Une demi-journée, tu imagines! Rien de contextualisé, et rien de concret pour nous ». Il évoque en revanche, avec beaucoup de reconnaissance, le rôle joué dans sa formation initiale par son tuteur de terrain, qui a accompagné ses « tâtonnements », et l'a aidé à accepter ses achoppements pour avancer dans ses pratiques pédagogiques. La mise en place des programmes et des environnements numériques de travail (ENT) fait l'objet du même jugement, Un enseignant de Sciences-Physiques évoque le fait qu'il « s'est un peu formé tout seul ». Dans un autre lycée, l'outil existe mais la formation n'a jamais suivi, ou n'a pas eu d'effet. Le cadre technique proposé par l'institution à travers l'ENT est donc tout à fait inefficace puisqu'inutilisé.

Lié au premier, le second cadre d'affiliation que ces professionnels avancent est la communauté de pairs. Certains parlent de « formation sauvage entre collègues ». Le terme « sauvage » doit être ici compris relativement à la formation institutionnelle, académique, encadrée dans le temps et l'espace. Le caractère « sauvage » est décrit de manière souvent enthousiaste de la part de ces enseignants, qui reconnaissent toutefois que le volontariat individuel sur lequel il repose n'est pas propice à une généralisation de la formation enseignante. Une professeure de Lettres raconte longuement combien ses échanges avec sa nouvelle et « *jeune* » collègue de Lettres lui ouvrent quotidiennement des horizons dans sa pratique. Le professeur documentaliste, seul représentant de son champ d'enseignement dans l'établissement, insiste, quant à lui, sur la mutualisation avec les collègues de disciplines, considérant qu'il n'existe « pas d'outil disciplinaire, (mais seulement) des outils qu'on met au service de nos différentes disciplines ». L'enseignant de Sciences-Physiques, lui, recherche et exploite des ressources pédagogiques sur le web, se sentant ainsi appartenir à une communauté à laquelle il participe.

Enfin, il faut noter que, pour tous les enseignants rencontrés, l'affiliation est parfois complètement bloquée ou inexistante, car les apprentissages qu'ils construisent relèvent, de manière unanime, de l'auto-formation, troisième cadre d'expérience mis en avant par les enseignants interrogés. Lorsqu'ils évoquent la formation au numérique qui a été et est encore la leur, le terme qui revient le plus souvent dans leur bouche est « seul-e ». Un professeur documentaliste, très critique sur les formations institutionnelles au numérique, reconnaît en même temps : « Le problème, c'est qu'il y a tellement d'outils numériques aussi qu'on ne peut pas non plus proposer une formation pour tous les outils. C'est pour ça, c'est aussi à nous de nous former nous-mêmes ». À propos des nouveaux programmes, les enseignants de disciplines témoignent de la solitude dans laquelle l'institution les laisse.

Chacun est donc conscient de sa propre responsabilité dans ce processus de formation. Comme le dit ce professeur : « A nous de nous prendre en mains, chacun, avec nos besoins et nos envies ». Cette responsabilité assumée l'est d'autant plus lorsqu'elle se transmet entre pairs, collègues enseignants ; un professeur d'Histoire reconnaît se sentir plus en sécurité lorsqu'il travaille en collaboration : « Moi ce partenariat avec [le professeur documentaliste] me permet d'oser, oser tenter, ça rassure, même si des fois on est à deux à pas savoir mieux s'y prendre ! ». Une professeure d'Anglais reconnaît également que travailler avec son collègue enseignant documentaliste l'a « dés-inhibée : ma pratique s'est affinée, je me suis détendue vis-à-vis de l'ordinateur ».

2. *Les contextes d'affiliation*

Au-delà de cette affiliation entre enseignants, nos enquêtes ont mis en avant le rôle des élèves dans le processus d'affiliation des enseignants au numérique. C'est ainsi que, en situation d'enseignement-apprentissage engageant le numérique, les élèves eux-mêmes deviennent des pairs pour les enseignants. Un processus de rétro-socialisation (Le Douarin, 2014) est alors à l'œuvre. La rétro-socialisation, ou socialisation ascendante, désigne le changement qui peut se produire dans les processus de transmission intergénérationnels, et dans notre cas, dans la relation scolaire.

Le cadre spatial est un élément important pour favoriser ou freiner les postures d'affiliation. L'occupation de l'espace conditionne les postures physiques et reflète les positions symboliques et sociales. Une enseignante d'Anglais insiste longuement sur la nouvelle spatialisation de la situation pédagogique, notamment au sein du CDI du lycée. Elle dit apprendre « à côté des élèves », saluant le rôle de l'aménagement de l'espace au CDI qui lui permet, assise à la table des élèves pour échanger, accompagnée souvent du professeur documentaliste, d'apprendre avec les élèves, dans une interaction spontanée et vécue « d'égal à égal ». Sa collègue de Lettres la rejoint sur ce point, affirmant que les élèves « peuvent (lui) apprendre beaucoup ». Pourquoi cette sensation ? Le professeur documentaliste a la réponse : « Ils (les élèves) savent faire plein de choses, pour peu qu'on s'y intéresse, et qu'on les laisse s'exprimer. Moi je m'enrichis d'eux, énormément ». C'est finalement un enrichissement mutuel dont font part ces enseignants, au point que l'enseignante d'Anglais en fait un principe de son positionnement pédagogique vis-à-vis des élèves, qui, considérés comme des pairs dans ce processus d'affiliation, sont dotés d'une image valorisante.

Cependant, plusieurs enseignants décrivent des phénomènes de désaffiliation (Castel, 1991) et d'éloignement entre l'enseignant et les élèves, qui questionnent leur autorité ou leur positionnement ; ils ne se sentent plus vraiment écoutés. Une professeure témoigne : « Je ne sais pas, c'est curieux... alors, est-ce que c'est quelque chose qui est dans l'air du temps, je n'en sais rien... mais j'ai l'impression qu'ils se disent : « on peut, très bien, se débrouiller tout seuls, on n'a pas besoin du professeur » ».

Renoncer à la posture surplombante (ou « posture d'autorité » telle que la nomme Le Bouëdec, 2007) pour accepter l'affiliation n'est donc pas une évidence, et engage une évolution des postures des enseignants.

III. Les postures professionnelles de l'affiliation

La question de l'affiliation nous conduit à sortir du paradigme de la carte, du territoire et des réseaux pour nous intéresser aux interactions (Goffman, 1991), et à leur cadre, à la façon dont elles construisent ou pas du lien pour apprendre. Finalement, nos analyses nous permettent d'identifier des postures propices à des affiliations pour et en situation d'enseignement-apprentissage.

1. *Une posture en représentations*

La posture enseignante est toujours amenée à évoluer. Il est intéressant de constater que la thématique de l'expertise, la leur comme celle de leurs élèves, traverse le discours des enseignants relativement au numérique et aux évolutions de la façon d'enseigner avec le numérique. Le sentiment d'expertise en matière de pédagogie avec et par le numérique est fragile ; plus encore est celui de l'expertise en matière de prise en charge du numérique comme objet d'enseignement. Les professeurs de disciplines de notre étude sont conscients de ne pas être à même de prendre en charge une éducation au numérique exigeante : « Je pense maîtriser, mais de là à me sentir expert, non ! Je laisse ça [au professeur documentaliste] ! C'est pour ça que je travaille avec ! », explique une enseignante d'Histoire. Dans cet établissement, le professeur documentaliste semble érigé en expert de l'enseignement au numérique, comme objet info-communicationnel d'enseignement. Interrogé à ce sujet, le professeur documentaliste fait preuve d'une forme de certitude, en effet : « Moi, j'ai des savoirs dans ma discipline, les Sciences de l'Information et de la Communication, et donc oui, je suis serein par rapport à ça. Je sais que je peux rebondir, je sais que les élèves ont besoin de moi pour atteindre un niveau de connaissance. Après, pour le reste, c'est un peu du bricolage généralisé (rires) ». Dans un autre lycée, même constat : le professeur documentaliste est vu à la fois comme un expert des systèmes d'information numérique et comme un spécialiste de l'évaluation de l'information. Un collègue de SVT distingue clairement l'expertise dont il est détenteur avec ses collègues de disciplines et celle de la professeure documentaliste : « Nous, on travaille à l'ancienne, je pense, et en fait, on ne sait pas les aiguiller, correctement [...] on ne sait pas les former correctement et là je pense que ça peut être le boulot de la documentaliste... ».

Le « bricolage généralisé », évoqué par un des professeurs documentalistes enquêtés, c'est celui qui le conduit à déléguer certaines tâches à des élèves repérés comme plus experts (d'un logiciel, du montage vidéo, par exemple), au sein du groupe-classe. Une « délégation de confiance informationnelle » (Maurel, 2012) qui semble d'autant plus permise que les enseignants endossent un rôle un peu différent de celui qui consisterait à être seuls détenteurs de savoirs. Une professeure d'Anglais en est convaincue : « Par moment, je crois qu'on doit savoir s'effacer. C'est plus ça être prof aujourd'hui, je pense. Parce que c'est important aussi que les élèves ne soient pas toujours focalisés sur nous ». La délégation de confiance est d'autant plus efficace quand les enseignants considèrent comme central l'apprentissage entre pairs. Voyons ce qu'en dit cet enseignant de SVT : « Je trouve que quand ils s'expliquent entre pairs... c'est tellement plus percutant et pertinent... enfin je trouve que, parfois, ils s'expliquent, tellement mieux, que si moi je le faisais, et je fais juste une synthèse... à la fin ». Pour autant, contrairement aux apparences, la présence active de l'enseignant est dans cette situation très forte : il a le souci de mettre en place un « cadre instruit » (Carette, 2008) qui permet à l'élève de comprendre le sens de l'action pédagogique, l'intention enseignante à l'œuvre, et favorise par cette démarche l'implication dans l'apprentissage tout autant que la motivation, et au-delà l'affiliation de l'apprenant au système de formation mis en place.

2. *Une posture en actions*

Dès lors, en actions, cette posture, outre la circulation sociale de l'expertise favorisée au sein de la classe, se traduit par un lien fort entre connaissance et action. Pour « apprendre ensemble » (formule d'une professeure d'Anglais), un enseignant d'Histoire a à cœur, lors de la mise en place de projets pédagogiques, de « rechercher l'activité, la connaissance qui se construit par la recherche, par l'interrogation sur le savoir ». Ce regard réflexif porté sur ses propres connaissances suppose la considération, au sens philosophique du terme, des imaginaires et des pratiques non formelles des adolescents. Un professeur documentaliste tient d'ailleurs à préciser, lorsqu'on l'interroge sur sa vision des pratiques numériques des adolescents : « J'aime pas la focalisation sur les risques, ou même on parle de « bonnes pratiques ». C'est quoi une « bonne pratique » ? Il n'y a pas de « bonne pratique », il y a des pratiques, et puis c'est tout. Je n'aime pas l'idée de morale qu'il y a derrière le terme de « bonne pratique. Il y a des pratiques, en fonction de ce qu'on est, et moi mon rôle c'est d'aider à optimiser ces pratiques, voilà ». Dans cette perspective, le rapprochement entre les sphères non formelles et la sphère académique devient un credo pour ces enseignants. Cette professeure de Lettres est catégorique : « J'utilise Facebook par exemple dans mes pratiques pédagogiques aujourd'hui parce que c'est là que les élèves sont et donc si tu veux faire des liens entre l'école et leur vie, il faut que tu sois là où ils sont ». Impossible de ne pas penser ici, à travers les propos de cette enseignante, au concept de reliance développé par Edgar Morin (1990), consistant à construire les conditions d'une culture des liens entre univers différents, nécessitant flexibilité cognitive et acceptation de la complexité.

Mais la question des liens, condition des affiliations, pose un problème quant aux principes structurants de l'école. Un enseignant remarque que les élèves peuvent utiliser Facebook très efficacement pour faire circuler l'information qu'il donne. Il oppose ainsi l'inefficience de l'ENT à l'efficacité de pratiques non scolaires, tout en affirmant que se reposer sur ces pratiques présente le risque de replacer les élèves dans les cadres familiaux, et donc dans une situation inégalitaire qui renforce le poids du contexte social. On voit ainsi, dans le discours enseignant, se dessiner une véritable contradiction entre une posture pédagogique et une position idéologique. La posture est centrée sur l'activité, la réalité des pratiques des élèves, et la tentation de l'affiliation sur cette base. La position idéologique fait de l'école un sanctuaire de l'égalité, indispensable dans les principes, mais dont la mise en oeuvre se révèle difficile, voire impossible dans le cadre socio-technique actuel.

C'est aussi une question de posture qui est sous-jacente à l'ensemble des discours et des pratiques ; un professeur documentaliste décrit d'ailleurs sa posture avec des termes empruntés au vocabulaire du sport : « Moi je me sens un peu comme un entraîneur avec mes élèves, tu vois. Un coach. Celui qui a l'expertise du savoir dans le champ d'action, mais qui organise le collectif. Je trouve que c'est une posture valorisante d'ailleurs ». La plupart des enseignants interrogés se voient comme des rassembleurs de savoirs, dans des contextes d'émiettement de l'information, comme des organisateurs du travail des groupes, et enfin comme des constructeurs de méta-compétences, de savoirs sur les savoirs. C'est à travers le prisme de leur expertise disciplinaire mais aussi leur bienveillance, qu'ils opèrent ces formes de médiations.

Voilà donc une « posture valorisante », que d'être un expert qui ne détient pas le savoir de manière exclusive, mais qui est capable de faire du lien entre sa discipline et des pratiques d'information-communication souvent distinguées d'une sphère de déploiement à une autre, et de faire émerger le sens de l'activité déployée (Cordier, 2012).

Conclusion

Pour conclure, il est important de souligner que la mise en place de processus d'affiliations se fait au sein d'une communauté d'apprentissage, une communauté non pas constituée seulement d'enseignants, mais d'enseignants et d'élèves ensemble, réunis dans un même écosystème de formation. Enseignants et élèves deviennent, confrontés au numérique comme moyen et objet d'enseignement-apprentissage, des pairs, négociant des éléments de référence et de langage communs, des actions coordonnées, et œuvrant pour la réalisation d'un projet partagé (Wenger, 2005). Le plaisir a sa place, réelle et exprimée, pour chacun des acteurs au sein de cette communauté de pratique, car le sentiment d'appartenance réduit l'anxiété, et développe confiance en soi, estime de soi, et sensation de tenir une place effective au sein d'un groupe. Pour autant, la question de l'expertise de l'enseignant n'est en aucun cas remise en cause ; tout juste est-elle autrement envisagée, et affirmée. L'autorité et la reconnaissance liées au statut d'enseignant apparaissent confortées chez ces professeurs capables d'accueillir l'inconnu, l'imprévisible, déviant de leurs « cadres », et s'adaptant, au gré des impondérables situationnels mais aussi des besoins et envies des élèves, rendus visibles à travers des projets (Cordier, 2014). Car la dimension du projet comme cadre opératoire (Stalder et Cordier, 2015) requiert plus que jamais, nous semble-t-il, notre attention : l'objectif commun à atteindre est véritablement facteur de négociations entre les différents acteurs, amenés à coordonner leurs actions pour le réaliser, et reconfigurant alors leurs propres états de savoirs. Le projet est souvent lié au sentiment d'appartenance à une communauté – de pratique, ou épistémique –, cette communauté qui ne peut fonctionner sans les mécanismes d'affiliation. Il permet de faire émerger des formes de « créativité » dans le sens où les acteurs rusent ensemble au sein des contraintes institutionnelles pour donner sens à leur action et en définir les contours selon leurs besoins et leurs désirs.

Bibliographie

Balleys Claire, *Grandir entre adolescents : A l'école et sur internet*, Lausanne, Presses polytechniques et universitaires romandes, 2015.

Carette Vincent, Les caractéristiques des enseignants efficaces en question, *Revue Française de Pédagogie*, n° 162, janvier-mars 2008, p. 81-93.

Castel Robert, De l'indigence à l'exclusion, la désaffiliation, In Donzelot, Jacques (dir.), *Face à l'exclusion, le modèle français.* Paris, Éditions Esprit, 1991, p. 137-168.

Charaudeau Patrick, « Tiers, où es-tu ? à propos du tiers du discours », in Charaudeau Patrick et Montes Rosa (dir.), *La voix cachée du tiers : des non-dits dans le discours*, Paris, L'Harmattan, 2004, p. 20-41.

Cordier Anne, Et si on enseignait l'incertitude pour construire une culture de l'information ?, *Communication & Organisation*, n° 42, août 2012, p. 49-60. Disponible en ligne : < http://archivesic.ccsd.cnrs.fr/docs/00/80/30/91/PDF/CORDIER_Et_si_on_enseignait_l_incertitude.pdf>.

Cordier Anne, « Pratiques info-communicationnelles des jeunes et pratiques pédagogiques : le temps de la (ré-) conciliation », *Communication à la Journée Inter-Académique, ADBEN Versailles-Paris-Créteil*, Paris, 2 avril 2014. Disponible en ligne : < http://adben-versailles.fr/spip.php?article20>.

Cordier Anne et Lehmans Anne, Organisation apprenante et durabilité : Pour un management dynamique d'accompagnement de circulation des savoirs, *Colloque International Spécialisé en Sciences de l'Information (COSSI)*, Montréal, Canada, 10-12 juin 2015. Disponible en ligne < http://www. revue-cossi. info/index.php/numeros/1-2015-communication-information-et-savoir-quel-management-pour-une-organisation-durable/472-2015-revue-cordier-lehmans>.

Cordier Anne et Stalder Angèle, La didactique professionnelle : un cadre pour penser la durabilité des apprentissages info-communicationnels, *3e Colloque IDEKI « Didactiques, métier de l'humain, intelligence collective »*, Colmar, France, 3-4 décembre 2015. À paraître.

Coulon Alain, Un instrument d'affiliation intellectuelle : L'enseignement de la méthodologie documentaire dans les premiers cycles universitaires. *Bulletin des Bibliothèques de France*, 1999, n° 44, t. 1, p. 36-42.

Galland Olivier, *Sociologie de la jeunesse*, 4e édition, Paris, Armand Colin, 2011.

Giust-Desprairies Florence, *L'imaginaire collectif.* Paris, Érès, 2003.

Goffman Erving, *Les cadres de l'expérience*, Paris, Les Éditions de Minuit, 1991.

Jorro Anne, L'agir professionnel de l'enseignant, *Séminaire de recherche du Centre de Recherche sur la Formation*, CNAM, février 2006. Disponible en ligne : < https://halshs.archives-ouvertes.fr/halshs-00195900>.

Le Bouëdec Guy, « Tous accompagnateurs ? Non : il n'y a d'accompagnement que spirituel », in Boutinet Jean-Pierre (dir.), *Penser l'accompagnement adulte : Ruptures, transitions, rebonds*, Paris, PUF, 2007, p. 169-188.

Le Douarin Laurence, Usages des nouvelles technologies en famille, *Informations sociales*, 1, 2014, n° 181, p. 62-71.

Maurel Dominique, La perception de la confiance informationnelle, *Communication & Organisations*, n° 42, décembre 2012, p. 73-90.

Morin Edgar, Introduction à la pensée complexe, Paris, ESF, 1990.

Pasquier Dominique, *Cultures lycéennes, la Tyrannie de la majorité*, Paris, Autrement, 2005.

Senge Peter, The fifth discipline : The art and practice of the learning organization, *Measuring Business Excellence*, 1997, vol. 1, n° 3, p. 46-51.

Wenger Étienne, *La théorie des communautés de pratique*, Québec, Les Presses de l'Université Laval, 2005.

PARTIE IV

DYNAMIQUES ET MODÉLISATIONS DES AFFILIATIONS

IX

Affiliations autour du document technique au sein d'une communauté de pratique

par Angèle Stalder

Introduction

Dans le cadre d'une enquête de terrain sur les pratiques informationnelles qui mobilisent le document technique en organisation au sein d'une communauté de pratique, celle des conducteurs de travaux, nous avons pu relever un processus d'affiliation-professionnalisation [1]. Ce processus les conduit à un changement de représentation du statut du document technique ainsi qu'au développement d'une littéracie propre dudit document, co-performée et co-construite lors d'activités de travail. Après une brève exposition de la démarche de recherche et de son cadre théorique, nous verrons comment se manifeste cette affiliation, puis nous questionnerons certains éléments qui éclairent en partie ce processus particulier d'acquisition de savoirs en organisation.

Il nous reste à préciser quelle acception du terme affiliation nous considérons dans ce qui suit. C'est la définition du Trésor de la Langue Française informatisé [2] qui retient notre intérêt : « Adhésion ou association plus ou moins formelle d'une personne ou d'un groupe de personnes à une organisation, pour participer à ses activités ou bénéficier de ses avantages. » En effet, si de nombreuses définitions de l'affiliation sont à notre disposition, celle-ci retient toute notre attention du fait

1. Il s'agit de travaux de recherche conduits dans le cadre d'un doctorat sous la direction d'Éric Delamotte, université de Rouen.

2. TLFI accessible sur <http://atilf.atilf.fr/tlfi.htm>.

de trois éléments qui caractérisent au mieux ce que nous avons pu observer sur notre terrain : tout d'abord la dimension informelle de ce processus pour les acteurs qui leur permet de contribuer à ce que le fait technique puisse advenir via une appréhension évolutive du document technique au fil de leur expérience. Les dimensions individuelles et collectives de ce processus, ensuite, puisque nous avons constaté qu'il se produit à ces deux échelles. C'est, enfin, l'effet énoncé qui nous intéresse : cette affiliation observée permet que l'organisation puisse atteindre ses objectifs.

I. Cadre méthodologique et théorique de recherche

1. *Le document technique : un document action*

Le document technique est l'un des éléments de la culture professionnelle des acteurs du domaine de la construction. Investi d'une forte valeur identitaire et symbolique, c'est un outil de travail partagé par l'ensemble des corps de métiers du domaine du bâtiment, de l'architecte à l'ingénieur, en passant par le conducteur de travaux, jusqu'au compagnon. C'est un document de travail prescrit, qui dit quoi et comment faire, produit par intention, que l'on peut qualifier de document action, produit et utilisé en entreprise par les acteurs pour guider, soutenir, produire, contraindre une action collective ou individuelle (Dalbin et Grosjean, 2007). Il est un cadre énonciatif pour le fait technique. Porteur d'une véritable culture avec des savoirs consignés selon des règles formelles héritées depuis les premiers traités d'architecture parvenus jusqu'à nous, il constitue une ressource à disposition dans l'environnement des acteurs pour coordonner leur action à celle des autres, et contribuer à atteindre l'objectif de l'organisation (Stalder et Delamotte, 2014). On peut aussi le nommer artefact dans une perspective écologique qui considère que toute action ne peut s'étudier séparément de son environnement où se trouvent des ressources à disposition pour structurer et organiser la tâche à effectuer. Le document technique constitue alors un artefact cognitif à la disposition des acteurs dans leur environnement pour réguler leur action. Mais les ressources disponibles ne sont pas seulement celles de l'environnement. L'acteur est inscrit dans un réseau et dispose ainsi des ressources cognitives de ces autres personnes. La cognition humaine est donc distribuée entre les ressources de l'environnement et les ressources cognitives des acteurs. Observer les pratiques informationnelles qui mobilisent le document technique en organisation suppose donc d'appréhender les relations entre cet écrit prescripteur, l'action et les acteurs en présence, et voir s'il existe une culture organisationnelle informationnelle partagée du document technique.

2. *Observer les pratiques d'un type d'acteur particulier : ethnométhodologie et approche communicationnelle des organisations*

La méthodologie de recherche choisie pour ces travaux est une approche d'inspiration ethnométhodologique, éprouvée en Sciences de l'Information et de la Communication où l'on considère que pour étudier les interactions il faut « déplier tout ce qu'il y a de socialement inscrit dans le dispositif technique et comprendre comment les pratiques sociales négocient avec ces dispositifs » (Monnoyer-Smith et Talpin, 2010). C'est une démarche qui permet de « comprendre comment les individus, en interagissant concrètement au cœur des dispositifs, actualisent les contenus sémiotiques et normatifs qui y sont inscrits » (*ibid.*). Cette méthode, qui se veut au plus près de l'interaction et cherche à comprendre les processus de médiations à l'œuvre, est particulièrement utilisée en ethnographie organisationnelle qui se propose de comprendre les organisations « comme un assemblage hétérogène de pratiques sociales et matérielles » et qui a développé des modalités d'observation, notamment le *shadowing*, défini comme une méthode de recherche « qui consiste à suivre une personne comme son ombre – de "marcher dans ses pas" – la filant à travers ses différentes activités » (Vásquez, 2013). Associée à une approche communicationnelle de l'organisation (ACO), cadre théorique dans lequel nos travaux se situent, elle permet d'observer et d'analyser les pratiques pour comprendre les processus de médiation via un dispositif informationnel et communicationnel pour en percevoir les logiques organisationnelles car « les phénomènes informationnels et communicationnels ne se substituent pas aux rapports sociaux, politiques et économiques », mais « ils relaient des discours, des représentations sociales, mettent en œuvre des dispositifs qui influent sur les activités et sur les représentations individuelles » (Bouillon, Bourdin et Loneux, 2007). Le dispositif est alors perçu comme un moyen d'interactions permettant des processus d'échanges d'informations et des constructions de sens collectifs. L'organisation est alors considérée comme un lieu de l'action collective organisée où les activités informationnelles et communicationnelles ont un rôle central. Il s'agit de comprendre le passage de l'agir individuel à l'agir collectif via ce dispositif.

Les informateurs de notre enquête sont des conducteurs de travaux, deux hommes et une femme, entre 30 et 40 ans, deux ont une formation d'ingénieur (Gustave et Marguerite), le troisième a une licence professionnelle (André). Pourquoi choisir les conducteurs de travaux? C'est un type d'acteur que l'on peut qualifier de marginal sécant, défini il y a longtemps par Michel Crozier et Erhard Friedberg dans leurs travaux issus de la sociologie des organisations (Crozier et Friedberg, 1977). Ils définissent l'organisation comme un système aux logiques d'action multiples qui sont le fait d'acteurs, individu ou groupe d'individus, qui ont leur propre rationalité ou stratégie. L'enjeu pour l'organisation est alors de parvenir à atteindre ses objectifs, tout en les faisant partager par les acteurs aux multiples rationalités. Le marginal sécant est celui qui, appartenant à plusieurs sphères d'activités, peut jouer un rôle de traducteur d'une sphère à une autre, un rôle d'interprète entre des logiques d'action différentes. Dans notre cas, le conducteur de travaux, intermédiaire entre la sphère d'activité du bureau et la sphère d'activité du chantier, mais aussi chargé de la coordination de plusieurs corps de métiers au sein du chantier, correspond à ce rôle. En choisissant de prendre comme terrain de recherche les conducteurs de travaux, notre intention est de voir comment se manifeste cette liaison dans des situations où le document technique est mobilisé par des acteurs aux logiques d'action différentes et quel rôle ce dernier tient dans la coordination des actions de tous les acteurs.

3. *Genre de document et littéracie liée*

Ainsi conduite, l'observation des pratiques informationnelles mobilisant le document technique dévoile une littéracie propre à ce type de document, développée en organisation. Précisons que nous entendons ici la littéracie non pas seulement comme une habileté à lire et écrire sous la forme d'un ensemble de tâches observables, mais selon la définition que propose les *New Literacy Studies :* des manières communes d'utiliser le langage écrit, façonnées par des règles sociales, perceptibles dans des contextes d'usage historiquement et localement situés.

Cette littéracie se perçoit au travers des nombreuses interactions langagières, gestuelles et artefactuelles notamment lors du processus dit d'éditorialisation. Processus décrit par Brigitte Guyot, il désigne la phase durant laquelle un document initial produit au sein de l'organisation sort d'une localité (le bureau) pour entrer dans une autre localité (le chantier) afin de constituer un document appropriable par tous les acteurs pour qu'ils s'engagent dans l'action. Ce processus est enclenché « dès qu'un acteur tient compte de l'existence de l'autre, de sa situation, et non plus seulement de la sienne propre » (Guyot, 2007). C'est par une succession de ré-écritures négociées que va être conférée au document nouvellement stabilisé sa nature d'artefact pour l'action. Par exemple, les informateurs reformulent des plans avec un vocabulaire hybride entre celui du bureau et celui du chantier. Ces pratiques d'écriture sont autant textuelles que visuelles puisque le recours au dessin est la solution très souvent adoptée par les informateurs, comme le signifie Marguerite l'un de nos informateurs : « un document technique ne peut se concevoir sans recours au dessin, au schéma, etc. ». Forme, contenu et pratique sociale liée : c'est ainsi que nous pouvons qualifier le document technique comme un genre de document, une structure d'information qui lie forme et contenu, associée à des pratiques de travail que partagent des acteurs dans l'organisation. Sa dimension sociale est essentielle car il émerge au sein de communautés comme un dispositif rhétorique qui structure la communication (Yates et Orlikowski, 1992), c'est « un élément de coordination de l'activité dans une collectivité » (Maurel, 2016). Il a une valeur heuristique car il permet « la découverte du sens » pour le destinataire qualifié d'interprète, « il passe par une idée générique pour aller au sens du texte, il la révise ou non en cours d'interprétation » (Compagnon, 2001).

Les moments d'éditorialisation observés sont des espaces d'argumentation et de négociation au cours desquels il y a une « construction collective du sens, où des connaissances sont mobilisées, où différentes alternatives sont examinées, débattues, sélectionnées » (Bourdin, 2008). On rejoint là la sociologie de la traduction ou de l'acteur-réseau développée par Callon et Latour (1991) : le fait technique qui se produit est le résultat d'une succession de traductions ou transformations opérées par tous les acteurs. C'est pendant ces traductions que l'affiliation se produit, que des savoirs se construisent. Le conducteur de travaux, marginal sécant, est l'un des artisans de ces traductions, mais il n'est pas le seul.

II. Des apprentissages informels par compagnonnage

L'observation des interactions, l'analyse de documents intermédiaires produits sur le chantier et les entretiens conduits auprès des conducteurs de travaux observés, montrent que nos informateurs reconfigurent leur réseau de connaissances lié au document technique et à son usage au fil des chantiers. Il y a notamment une perception évolutive du document technique associée à une appropriation de la littéracie du document technique sans cesse mobilisée : de norme inamovible, le document technique devient une aide à la réalisation voire « un moyen de communication, en aucun cas une vérité toute faite » comme nous le précise l'un de nos informateurs.

Un phénomène d'apprentissage social actif est à l'œuvre au sein de l'organisation, témoin d'une affiliation sur le chantier par un véritable compagnonnage informel entre pairs, de façon horizontale donc, mais aussi de façon verticale entre conducteurs de travaux et compagnons. Les interactions qui se jouent avec et autour du document technique sont autant de signes de repères communs et partagés de cette culture du document technique co-performée.

1. *Manifestation visible de l'affiliation : l'incorporation de la forme*

Cette affiliation est visible notamment par l'incorporation du genre « document technique ». L'exemple ci-dessous est un écrit produit en situation de travail par un des informateurs. Il constate l'avancée des travaux et note les points qui sont à modifier et à revoir, en vue d'un compte rendu. Il s'agit d'un écrit produit pour soi qui n'a donc pas vocation à être diffusé tel quel. Or, l'inscription de l'information se fait « à la façon de » : contenu séquentiellement structuré, présence d'unités d'information textuelle et d'unités d'information visuelle. Cet écrit témoigne du choix individuel d'une inscription et d'une structuration de l'information selon des codes qui ont été naturalisés par l'acteur et qui montrent l'appropriation des règles intellectuelles propres au domaine du bâtiment qui sont contenues dans le document technique. Il est signe d'une affiliation intellectuelle.

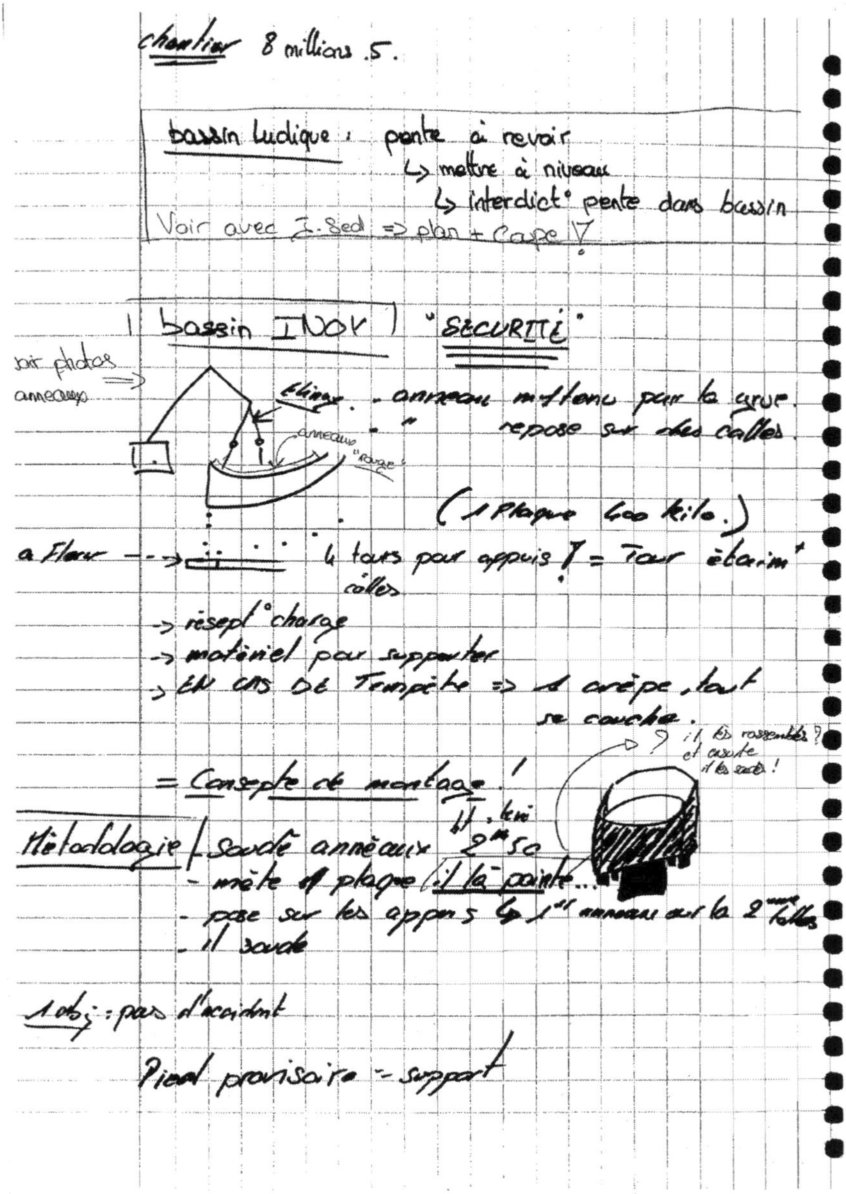

Fig. 1 : Prise de notes sur le chantier en vue d'un compte rendu.

2. *Effet de l'affiliation : une praticabilité du document technique au sein de l'organisation*

Le rôle de l'organisation comme lieu d'une affiliation intellectuelle peut se voir aussi chez de jeunes apprenants. Une enquête conduite en 2010 auprès de 37 classes de différents niveaux, allant du CAP au BTS montre une perception très différente du document technique selon l'expérience du document en organisation[3]. Il apparaît qu'un tout jeune apprenant a une vision du dispositif principalement réduite à sa dimension procédurale perçue comme une règle à suivre. À la question « à quoi il sert ? », il répond très souvent « à expliquer ce qu'il faut faire », « à expliquer les tâches qu'il faut accomplir » ou encore « à indiquer la marche à suivre ». Ce qui est différent chez les élèves du cycle terminal ou en formation supérieure qui répondent pour certains : « il m'aide à avoir des solutions pour agir », « il sert à m'aider dans mon travail ». Il semble qu'avec la pratique du document technique en organisation, le caractère contraignant du dispositif disparaît chez des acteurs pour laisser place au caractère de coordination de l'action.

Ce changement de perception est dû à un processus d'affiliation : l'acteur élève, au cours de périodes de formation en entreprise, a été confronté à des pratiques nouvelles du document technique. Il y a eu pour certains apprenants un apprentissage des pratiques du document technique au sein de l'organisation qui donne le même sens aux objets. Ce phénomène d'apprentissage social actif a été mis en avant par Alain Coulon dans une étude consacrée à l'enseignement de la méthodologie documentaire auprès d'étudiants comme instrument d'affiliation intellectuelle et de réussite pour leurs études. Il insiste sur la nécessité pour les étudiants d'acquérir « la praticabilité des règles du travail intellectuel » pour acquérir véritablement « le métier d'étudiant » (Coulon, 1998).

---

3. L'ensemble de cette étude conduite par un groupe de professeurs documentalistes de l'Académie de Rouen en 2010 est accessible sur : < http://documentation.spip.ac-rouen.fr/spip.php?article296>.

3. *Mécanisme de l'affiliation : une double affiliation horizontale et verticale*

La pratique du document technique en organisation amène le conducteur de travaux à reconsidérer le statut dudit document dans l'exercice de son métier, tout comme le jeune apprenant. Perçu comme normatif et prescriptif au tout début, il perd de son caractère contraignant avec l'expérience pour laisser place avant tout à son caractère de coordination de l'action et à sa dimension communicationnelle.

Quand on leur demande comment ils ont gagné en expertise, c'est l'apprentissage informel entre pairs qui est le premier désigné. L'un de nos informateurs, André, évoque avec un grand plaisir « un ancien » comme il le nomme lui-même, côtoyé dans une précédente grande entreprise du bâtiment. C'est à ses côtés qu'il a le sentiment d'avoir appris à mieux gérer les imprévus sur le chantier liés à la mauvaise interprétation d'un document technique. Et quand nous lui demandons pourquoi selon lui cet « ancien » avait cette expertise, il met en avant sa formation « maison » : « C'est un gars qui a fait tous les métiers sur le chantier, du coup il sait comment tout le monde fonctionne. »

Un point déterminant de ce changement de perception du statut du document technique dans notre communauté de conducteurs de travaux est la prise en considération des réactions multiples des compagnons lors du recours au document technique sur le chantier, notamment lors de dysfonctionnements dus à des problèmes d'interprétation : « Des fois j'ai pas une réaction, là je me dis c'est pas possible, d'habitude tous ils parlent, ils commentent, ils se cherchent des excuses. C'est que là ils ont pas compris et que ça va pas être bon. Alors je leur fais répéter pour être sûr. » Et de préciser : « Ça peut changer d'un chantier à un autre, mais en général, on retrouve toujours la même chose. Et puis si j'ai bien appris quelque chose c'est ça : c'est pas une perte de temps. Il faut qu'on tombe d'accord de toute façon. Les chantiers les plus durs, ce sont ceux justement où on tombe pas d'accord, du coup, ça peut conduire à des problèmes graves » (André). Ainsi, à une première affiliation horizontale, nous pouvons en ajouter une seconde, confirmée par les observations in vivo : une affiliation verticale. Grâce à l'immersion longue sur un terrain, nous avons pu noter une expertise au fil des chantiers. Certes, avec le temps l'informateur connaît mieux son chantier et les dysfonctionnements éventuels afférents. Mais cette expertise augmentée vient aussi de la connaissance de ses interlocuteurs au fur et à mesure du chantier où il y a eu de multiples interactions autour du document technique (Stalder, 2016).

Avec l'expérience, le document technique devient un artefact servant à la coordination de l'action au sein de l'organisation et indissociable de la situation de communication. À la question « D'après votre expérience quelles sont les compétences nécessaires à la rédaction d'un document techniques ? », les trois informateurs répondent sans marquer d'hésitation que c'est avant tout la maîtrise de savoirs professionnels : « c'est quand même bien la connaissance du sujet » (André). Mais viennent ensuite des compétences communicationnelles : « savoir à qui on s'adresse pour ajuster son propos quelles que soient ses compétences… » (André) ou encore « savoir adapter au public » (Gustave). Mais aussi une prise de conscience d'une culture commune qui a ses codes. Un conducteur de travaux à qui nous avons demandé ce qui lui semblait le plus grand changement dans sa pratique du document technique depuis sa formation initiale insiste : « sa compréhension de la symbolique » à quoi il ajoute : « Ça je ne l'ai jamais vu à l'école, c'est en regardant les réactions des compagnons que je l'ai compris » (Gustave).

III. Au cœur du processus d'affiliation

Que ce soit au niveau individuel ou au niveau collectif, c'est le projet commun à réaliser qui engage les acteurs à entrer dans ce processus de changement et d'apprentissage. Nous avons pu observer une co-construction de connaissances liées à des éléments du chantier, mais aussi à l'usage du document technique. Les acteurs instituent ainsi des règles de l'action en développant cette littéracie qui constitue en quelque sorte une forme de référentiel commun d'action. Issue d'un processus créatif lors des phases d'éditorialisation, des points saillants sont à relever qui contribuent à ce processus d'affiliation-professionnalisation dans ces contextes d'usage.

1. *Importance des repères d'action*

1.1. Au niveau individuel

La didactique professionnelle permet d'avoir des clés de compréhension de ces apprentissages en situation. Elle s'intéresse à l'analyse du travail et à l'apprentissage dans les situations de travail. Selon une approche sociale de cette discipline, développée par Paul Olry, il y a un rôle essentiel tenu par l'institution dans ce processus d'apprentissage. Pour apprendre, il faut des repères qualifiés d'« organisateurs sociaux de l'action », qui correspondent à une médiation, cadre nécessaire que doit garantir l'institution pour mettre en place un régime d'apprentissage où l'intelligibilité de la situation suppose le partage de significations partagées (Olry, 2012). C'est le rapport du sujet face au « déjà là » qui est en question (*ibid.*).

1.2. Au niveau collectif

Le document technique, genre de document, correspond à l'un de ces organisateurs sociaux de l'action. On peut le qualifier de norme au sens où Laurent Thévenot l'entend, à savoir une reconnaissance collective avec une force prescriptive sur les « façons de faire » (Thévenot, 1997). C'est un format d'information qui lie collectif et pratiques, une « façon d'enformer des êtres et des événements afin d'en constituer des formes de connaissance susceptibles d'être abstraites des choses, des personnes et des situations, de se généraliser et de circuler ». Mais dès lors que ces divers formats, qui correspondent à des modes de coordination différents, s'éloignent des plus généraux et légitimes pour aller vers des formats plus localisés et personnels, les repères ne peuvent plus être communiqués et partagés de la même façon. Si nous revenons sur notre processus d'éditorialisation nous pouvons alors mieux l'insérer dans le processus d'affiliation : en passant d'une forme générale et légitime à une forme plus localisée et familière, le document technique quitte une formalisation institutionnalisée de connaissances pour aller vers un format de proximité, l'information perd alors de son extériorité. Un temps espace d'interactions il donne lieu, suite au processus d'éditorialisation, à des reconfigurations de normes, des reconfigurations de savoirs. La littéracie développée alors dans ce contexte spatial, temporel, selon les enjeux des acteurs, est une manifestation de cette enformation provisoire, située, localisée, et résolument actionnelle.

2. *Processus d'affiliation : ce qui émerge est-il un élément d'instabilité pour l'organisation ?*

Pour fonctionner, l'organisation a besoin d'une certaine stabilité. Cependant, cette affiliation, dynamique incessante, qui produit dans notre cas une littéracie développée en situation est évolutive au fil des expériences, ce qui peut sembler être *a priori* un frein à cette stabilité. Ce serait considérer que l'organisation est une forme stable et penser qu'il y aurait une forme requise d'organisation pour produire le fait technique. Or, « l'organisation n'est pas un état, mais un ensemble de processus perpétuels de rupture par rapport aux formes existantes et de recomposition des normes, de reconfiguration des figures, des agencements et équilibres divers qui apparaissent ainsi essentiellement provisoires et instables » (Le Moënne, 2004). Cette littéracie acquise par affiliation peut être qualifiée de vernaculaire. Elle est une « enformation » du fait technique en situation, qui correspond à un mode de coordination localisé. En cela c'est un « construit social, produit des expériences des praticiens et des intentions-représentations des membres de la communauté, sous forme d'un processus continu qui s'inscrit dans la durée d'une communauté » (Bruner, 2000). Mais elle n'est pas en opposition avec « l'enformation » portée par l'organisation. Ces différentes « enformations », chacune associée à une littéracie, que nous qualifions d'institutionnalisée pour l'une et de vernaculaire pour l'autre, sont en tension. Le document technique est un espace où elles viennent dialoguer. Et lorsqu'elles arrivent à un point de convergence, il y a construction de règles partagées et reconfigurations d'un réseau de connaissances opérationnelles et épistémiques à l'échelle de l'acteur, du collectif et de l'organisation. Le fait technique peut alors se produire.

Cette co-construction de connaissances et de compétences est un enjeu considérable pour l'organisation puisqu'elle constitue un cadre pour l'action dans l'organisation à trois niveaux :

– niveau cognito-opératoire : produire le fait technique ;
– niveau tactique : faire avec le collectif ;
– niveau culturel : constitué de rituels et des conventions.

Se pose alors la question de la durabilité de ce capital.

3. *Comment soutenir la circulation des nouveaux savoirs co-produits ?*

Sur notre terrain, il n'y a pas conscience des compétences acquises en situation de la part des acteurs. Cependant, il semble nécessaire de favoriser la réflexivité sur les pratiques observées dans une communauté en instituant des échanges formels au sein de l'organisation entre pairs, mais aussi inter-catégoriels puisqu'il y a double processus d'acquisition d'une littéracie, au sein de la communauté restreinte des conducteurs de travaux, de manière horizontale et au sein de la communauté élargie du chantier de manière verticale.

3.1. Au niveau individuel

Une piste pourrait être de concevoir la transmission professionnelle comme un régime d'apprentissage en usage, modélisé par Paul Olry sur le modèle des régimes d'engagement de Laurent Thévenot qui caractérise l'apprendre selon des conditions. Il faut tout d'abord un contexte riche en expériences changeantes. Puis, il faut considérer que c'est à travers des interactions verbales entre un novice et des plus experts de la communauté qu'il y a apprentissage. Enfin, il faut penser un régime sur un temps long et considérer le stade de développement de chaque membre de la communauté (Olry, 2008). On retrouve là nombre d'éléments abordés pour décrire le processus d'affiliation en œuvre au sein de notre communauté de conducteurs de travaux. Pour Pierre Pastré, l'un des théoriciens de la didactique professionnelle c'est aussi « la circulation des connaissances entre deux mondes non étanches, qui favorise l'apprentissage » (Pastré, 2006). Il s'agirait alors de valoriser les expériences et développer un sens partagé du document technique. Pour cela, il faudrait formaliser des espaces pour développer cette conscientisation du processus d'apprentissage autour du document technique en organisation pour que ces règles partagées, le plus souvent non écrites et désignées comme « bricolages » par certains, permettent une durabilité des savoirs co-construits en cours d'action. On retrouve là l'importance du rôle de marginal sécant que tient le conducteur de travaux dans le milieu du bâtiment ; chaque acteur ou catégorie d'acteurs évolue dans un système de valeurs qui lui est propre. Son appartenance au monde du bureau et au monde du chantier permet une circulation du document technique entre deux systèmes de valeurs et de logique d'action différentes mais liées.

3.2. Au niveau collectif

Comment parvenir à une « culture organisationnelle partagée quant aux fonctions et valeurs des genres de document, en lien avec les pratiques de travail » (Maurel, 2016) ?

Plusieurs modèles existent en gestion des connaissances pour valoriser et faire circuler au sein de l'organisation les compétences collectives : les retours d'expériences, l'expérimentation par simulation, mais aussi la capitalisation qui peut passer par une matérialisation de tous ces savoirs co-construits lors des interactions. Une récente étude conduite dans un secteur voisin, celui de l'éco-construction, a observé les pratiques informationnelles de professionnels qui « s'interrogent surtout sur les moyens de partager l'information qui leur est nécessaire en amont et au cours des projets », information essentiellement issue de leurs expériences. L'hypothèse est faite au terme de l'enquête de la « production de ressources numériques à capital didactique visant l'opérationnalisation et l'organisation du transfert de la connaissance ». Est évoqué alors le processus de patrimonialisation par la numérisation comme possibilité de construire des « collections documentaires professionnelles » comme moyen de partage de connaissances au sein de l'organisation (Soumagnac, Lehmans et Liquète, 2015). Étendue à notre communauté de conducteurs de travaux, la patrimonialisation pourrait s'entendre comme la matérialisation de cette littéracie liée au document technique développée en cours d'activité. Reste à en définir la forme.

Conclusion : éléments pour appréhender un processus résolument dynamique

Temporalité, géographie et approche communicationnelles semblent trois éléments à considérer pour appréhender la dynamique de ce processus d'affiliation que nous avons décrit au sein d'une communauté de pratique.

Tout d'abord la temporalité. L'une des caractéristiques de la littéracie est son évolution dans le temps notamment de façon informelle : « Les pratiques de l'écrit changent et de nouvelles pratiques sont fréquemment acquises à travers des processus d'apprentissage et de fabrication de sens informels » (Barton et Hamilton, 2010). L'affiliation qui se produit au fil des expériences éprouvées est un processus qui est long et jamais clos.

Vient ensuite la géographie. Il y a des circulations qui s'opèrent d'un monde à un autre, bureau et chantier ; d'une communauté à une autre, communauté restreinte et communauté élargie. Chaque sortie du document technique d'une localité donne lieu à des négociations qui conduisent à des restructurations de connaissances à deux échelles : individuelle et collective. On peut donc dire qu'il y a une géographie du document technique et de son affiliation à deux échelles, individuelle et collective.

Enfin, ce processus d'affiliation suppose de penser l'organisation non pas comme un objet d'étude mais comme une catégorie conceptuelle qui désigne « un niveau intermédiaire de structuration sociale qui vise à penser les médiations entre local et global, individuel et collectif » (Bouillon, Bourdin et Loneux, 2008). Envisager la littéracie acquise par professionnalisation-affiliation selon une approche organisationnelle permet de « saisir les façons dans lesquelles les gens organisent leurs pratiques et leurs actions conjointes dans l'espace public et les modes de reconfiguration du rapport entre le monde vécu et le monde émergent » (Patrascu, 2010) et dans notre cas comment ils apprennent d'une pratique développée en organisation via un dispositif de médiation, le document technique, la notion de médiation permettant « de rendre compte de l'inscription des pratiques individuelles dans les pratiques collectives » (*ibid.*).

Bibliographie

Barton David et Hamilton Mary, « La littératie : une pratique sociale », *Langage et société*, n° 133, 2010, p. 45-62.

Bouillon Jean-Luc, Bourdin Sylvie et Loneux Catherine, « De la communication organisationnelle aux "approches communicationnelles" des organisations : glissement paradigmatique et migrations conceptuelles », *Communication et organisation*, n° 31, 2007, p. 7-25.

Bouillon Jean-Luc, Bourdin Sylvie et Loneux Catherine, « Approches communicationnelles des organisations : interroger l'organisation par la communication », *Sciences de la Société*, n° 74, 2008, p. 3-9.

Bourdin Sylvie, « Approche communicationnelle du changement organisationnel : organisations pédagogiques, TICE et situations de communication », *Sciences de la Société*, n° 74, 2008, p. 123-139.

Bruner Jérôme, *Culture et modes de pensées : l'esprit humain dans ses œuvres*, Paris, Retz, 2000.

Dalbin Sylvie et Guyot Brigitte, « Documents en action dans une organisation : des négociations à plusieurs niveaux », *Études de communication*, n° 30, 2007, p. 55-70

Callon Michel et Latour Bruno (dir.), *La Science telle qu'elle se fait. Anthologie de la sociologie des sciences de langue anglaise*, Paris, La Découverte, 1991.

Compagnon Antoine, « La notion de genre. 10. Genre et interprétation », *Fabula*, 4 mai 2001, < http://www.fabula.org/compagnon/genre10.php> [consulté le 22 août 2016].

Coulon Alain, « Le métier d'étudiant. L'entrée dans la vie universitaire », *Bulletin des bibliothèques de France*, n° 1, 1998, p. 132-133.

Crozier Michel et Friedberg Erhard, *L'acteur et le système*, Paris, Éditions du Seuil, 1977.

Guyot Brigitte, « Processus éditorial : faire passer un document d'un monde à l'autre », in Saint Laurent-Kogan A.-F. (de) et Metzger J.-L. (éd.), *Où va le travail à l'ère du numérique ?* Paris, Presses de l'École des Mines, coll. « Sciences sociales », 2007, p. 211-224 (chapitre III-3).

Le Moënne Christian, « Questions et hypothèses sur les approches constructivistes et les recherches en communications organisationnelles », in Centre d'étude et de recherche sur l'information et la communication Mucchielli Alex (dir.), *La place du constructivisme pour l'étude des communications. Actes du colloque de Béziers, avril 2003*, Publication de Montpellier 3, 2004, p. 9-44.

Maurel Dominique, « Les systèmes de genres de documents d'activité dans les organisations : une analyse selon l'approche collective des genres », in Paganelli Céline, Chaudiron Stéphane et Zreik Khaldoun (dir.), *Documents et dispositifs à l'ère post-numérique. Actes du 18e colloque international sur le document électronique (CiDE.18)*, Paris, Europia, 2016, p. 195-211.

Monnoyer-Smith Laurence et Talpin Julien « Sic et ethnométhodologie : réconcilier une approche des pratiques avec une analyse des formes du pouvoir », *Cahiers d'ethnométhodologie*, n° 4, 2010, p. 119-128

Olry Paul, *Apprendre au travail. Inscription sociale de la didactique professionnelle*, Éducation, Université Paris VIII Vincennes-Saint Denis, 2008.

Pastré Pierre, « Apprendre à faire », in Bourgeois E. et Chapelle G., *Apprendre et faire apprendre*, Paris, PUF, 2006.

Patrascu Marcela, « Saisir les pratiques sociales du point de vue de leur organisation. Revisiter le concept de médiation », *Les Enjeux de l'Information et de la Communication*, 2010 (2), p. 58-70.

Soumagnac Karel, Lehmans Anne et Liquète Vincent, « De l'usage de documents numériques au partage de connaissances par la constitution de collections dans une communauté professionnelle : de l'information au patrimoine », *Les Enjeux de l'Information et de la Communication*, n° 16 (2), 2015, p. 113-127.

Stalder Angèle et Delamotte Éric, « Informer, s'informer en contextes professionnels : une approche par le document technique », in Liquète Vincent (coord.), *Cultures de l'information*, Paris, CNRS Éditions, 2014, p. 91-113.

Stalder Angèle, « Quelle durabilité de la littéracie du document technique en organisation ? », *Revue COSSI*, n° 1, 2016 accessible sur < http://www. revue-cossi. info/index.php/numeros/1-2015-communication-information-et-savoir-quel-management-pour-une-organisation-durable/473-2015-revue-stalder> [consulté le 26/08/2016].

Thévenot Laurent, « Un gouvernement par les normes : Pratiques et politiques des formats d'information », *Raisons pratiques*, n° 81, 1997, p. 205-242.

Vásquez Consuelo, « Devenir l'ombre de soi-même et de l'autre. Réflexions sur le shadowing pour suivre à la trace le travail d'organisation », *Revue internationale de psychosociologie et de gestion des comportements organisationnels*, Supplément, HS, 2013, p. 69-89.

Yates JoAnne et Orlikowski Wanda, « Genres of organizational Communication : A Structurational Approach to Studying Communication and Media », *The Academy of Management Review*, vol. 17 (2), 1992, p. 299-326.

X

Affiliation intellectuelle et culture numérique : la question du modèle

par Alexandre Serres

La notion d'« affiliation intellectuelle », théorisée par Alain Coulon dans les années 1980, est-elle toujours pertinente, à l'heure des réseaux numériques, pour décrire les processus d'incorporation, d'appropriation des codes universitaires et des méthodologies du travail intellectuel par les étudiants ? Le modèle académique, sur lequel reposait cette affiliation intellectuelle, n'est-il pas profondément ébranlé par les logiques, les valeurs, les pratiques, les codes sociaux du numérique? Comment repenser cette indispensable affiliation intellectuelle des étudiants, en intégrant pleinement leurs pratiques numériques dans les pratiques universitaires ?

Trois sortes de questionnements ont guidé notre réflexion :

– le premier porte sur le terme et la notion même d'affiliation : il est toujours utile de partir des définitions, de montrer les diverses approches, notamment celle de l'affiliation intellectuelle, qui a prouvé sa fécondité mais qui montre aussi des limites ; de même nous paraît-il indispensable de revenir sur la distinction entre affiliation et appropriation ;

– la notion d'affiliation numérique sera notre deuxième questionnement : quels problèmes pose cette expression, sur quel modèle repose-t-elle? Que signifie « être affilié au plan numérique », à quoi ou à qui serions-nous affiliés ? L'expression mérite d'être interrogée, tant elle nous semble ambiguë, contradictoire ;

– en admettant que l'on puisse parler d'affiliation numérique, notre troisième interrogation porte sur la contradiction, parfois l'opposition, entre ces deux types d'affiliations, intellectuelle et numérique, autrement dit, entre les codes académiques traditionnels et ceux du numérique. Faudrait-il parler d'une dualité affiliation intellectuelle *vs* « affiliation numérique » ?

Sans nier ces clivages, nous plaiderons en conclusion pour une meilleure articulation, voire une synthèse possible de ces deux modèles d'affiliation, académique et numérique, synthèse qui nécessiterait selon nous à la fois la « numérisation » de la culture académique et « l'académisation » du numérique, par la constitution d'une véritable culture *du* numérique.

I. D'abord le mot

Quelques éclairages terminologiques tout d'abord sur le terme même d'affiliation. Si l'on se réfère au *Dictionnaire historique de la langue française* d'Alain Rey, affilier est un emprunt juridique au latin médiéval « affiliare », apparu au XIVe siècle (Rey, 1998, p. 49) ; affilier signifie d'abord adopter, prendre fils, de *ad* = à et *filius* = fils. Puis, détail piquant au regard du numérique actuel, affilier signifie, à partir de 1701, « faire entrer dans une religion ». Et l'on voit apparaître au XVIIIe siècle le sens moderne d'affilier, « admettre comme membre d'un groupe », qui nous évoque la célèbre phrase de Groucho Marx : « Je n'accepterai jamais d'entrer dans un club qui m'accepterait comme membre »... « Affilier » va se diffuser sous la Révolution et devenir d'ailleurs « s'affilier » : on s'affilie à un groupe, à un parti, à une secte, etc. Quant à *affiliation*, il connaît la même évolution que le verbe, de « adoption » à « action d'affilier » en 1762.

Si l'histoire du mot nous montre l'évolution de ses significations, le CNRTL[1] confirme leur pluralité : « affiliation peut désigner tour à tour l'action d'affilier, l'état qui en résulte, et parfois l'ensemble des personnes physiques ou morales associées[2] ». Mais deux grandes définitions se détachent, qui encadrent l'affiliation : l'adhésion formelle[3]

1. Centre National de Ressources Textuelles et Lexicales.

2. < http://www.cnrtl.fr/definition/affiliation>.

3. « Adhésion ou association plus ou moins formelle d'une personne ou d'un groupe de personnes à une organisation, pour participer à ses activités ou bénéficier

et le rattachement spirituel[4]. On adhère explicitement à un groupe ou on adhère à une croyance, un ensemble de codes…

II. Ensuite la notion

Si l'on examine la notion d'affiliation au plan théorique, l'une de ses caractéristiques est également, et sans surprise, la diversité des définitions et des approches, qui seront évoquées ici rapidement et de façon partielle, en nous concentrant sur trois disciplines, la sociologie, l'ethnométhodologie et les sciences de l'éducation, et sur quelques auteurs. Il faut parler d'ailleurs d'une double diversité : diversité disciplinaire tout d'abord (selon Hélène Bézille, « le terme fait partie du lexique de la sociologie, du droit, de la psychanalyse et de l'anthropologie » (Bézille, 2010, p. 126), diversité théorique ensuite, car les approches de la notion varient, là comme ailleurs, selon les courants et les auteurs.

En sociologie, l'accent est d'abord mis sur le rattachement à un groupe : pour Hélène Bézille, « le concept d'affiliation est vu comme un concept clé. Il désigne dans son sens usuel le rattachement ou l'appartenance d'un sujet à un groupe, ou d'un groupe à une unité plus vaste » (Bézille, 2010, p. 126). La notion reste ici très proche du premier sens originel : l'adhésion formelle. Une autre définition en sociologie, toujours selon Hélène Bézille, se rapproche du deuxième sens traditionnel : « la notion désigne l'inscription du sujet dans un ordre social et symbolique qui passe par le groupe, le modèle familial constituant la référence » (Bézille, 2010, p. 126). Un autre auteur, Franck Dorso, met l'accent sur la tension entre différenciation et affiliation, en soulignant l'importance de la norme sociale, et en faisant de l'affiliation un élément-clé du processus d'individuation, de construction de soi : « La construction de soi s'opère dans un mouvement d'affiliation aux normes, dans le besoin de confiance, de reconnaissance, de cadres et de routines » (Dorso, 2012, p. 44).

En ethnométhodologie, l'affiliation est définie par Albert Ogien à la fois comme l'inscription dans des liens sociaux primaires, l'appropriation

---

de ses avantages. » « Réception d'un frère maçon dans une loge à laquelle jusque-là il n'avait point appartenu » (CNRTL).

4. « Rattachement à titre de fils spirituel, adhésion, communion » (CNRTL).

de codes implicites, une opération de raisonnement pratique[5], une procédure sociale (« l'affiliation est conçue comme une procédure qui, à la fois, organise les échanges entre acteurs en constituant les règles qui gouvernent cette organisation et établissent, entre des individus en interaction, le sentiment qu'une compréhension mutuelle s'instaure » (Ogien, 1985). Elle évoquerait ainsi une forte correspondance avec la notion de culture, dans son acception anthropologique, et l'affiliation numérique pourrait alors désigner l'appropriation des codes implicites du numérique.

Enfin, en sciences de l'éducation, on trouve évidemment la notion d'affiliation intellectuelle, théorisée par Alain Coulon dans les années 1980 et qui décrit le processus et le résultat de l'appropriation des allant-de-soi[6] du monde universitaire, allant-de-soi sociaux, intellectuels, institutionnels, etc., mais aussi incorporation des normes, des catégorisations du travail intellectuel : « On peut en effet considérer qu'être étudiant consiste, pour l'essentiel, à faire l'apprentissage actif des catégorisations adéquates du monde intellectuel » (Coulon, 1999, p. 42). Coulon relève la proximité des notions d'affiliation et d'habitus (« La notion d'affiliation qui a une parenté avec la notion d'*habitus* telle qu'a pu la développer Pierre Bourdieu »), mais il met également l'accent sur la dimension importante de l'activité du sujet : « l'affiliation insiste davantage sur l'activité du sujet et indique la confiance qu'on peut avoir dans la force de l'apprentissage dans l'évolution personnelle des individus » (Coulon, 1999, p. 42). L'intérêt de l'approche d'Alain Coulon, outre celui de ses travaux pionniers sur l'impact des formations documentaires dans la réussite des étudiants, réside dans cette réhabilitation de l'apprentissage, l'affiliation étant considérée comme un processus de transformation du sujet par l'apprentissage. Les limites de la notion d'affiliation intellectuelle tiennent au présupposé d'une stabilité des normes et du modèle académique, fort justement pointé par Patrick Rayou : « La thématique de l'affiliation supposerait, pour

5. « Cette opération de raisonnement pratique que l'on propose ici de résumer sous la notion d'« affiliation » (Ogien, 1985).

6. La notion d'« allant-de-soi » vient de l'ethnométhodologie et désigne « des affirmations que l'on n'a pas besoin d'expliciter parce qu'elles « vont de soi ; mais des affirmations indispensables pourtant à la cohérence des informations que l'on échange. » (Extrait du Lexique ethnométhodologique d'Yves Lecerf, disponible sur : < http://vadeker.net/corpus/lexique.htm#8 >.)

être totalement pertinente, que les normes universitaires, académiques en particulier demeurent intactes, ce qui n'est vraisemblablement pas le cas » (Rayou, 2007, p. 77). Trente ans après les travaux d'Alain Coulon, ces limites de la notion d'affiliation intellectuelle sont aujourd'hui perceptibles, avec le problème actuel de la crise des savoirs et des modèles académiques, notamment sous l'effet du numérique.

III. Sur la différence entre affiliation et appropriation

Dans cette exploration de la notion d'affiliation, nous sommes frappés par sa proximité avec celle d'appropriation. Ces deux notions sont-elles synonymes, voire interchangeables ? On peut en effet relever plusieurs points communs entre elles, notamment leur caractère processuel, l'importance de l'activité du sujet, la personnalisation qui est à l'œuvre. Mais il existe aussi des différences, qui ne sont pas minces :

– du côté de l'appropriation, la dimension première est individuelle, l'appropriation désignant généralement l'interaction entre un individu et un dispositif technique, ou sociotechnique. Il s'agit d'un processus unidirectionnel : de l'individu vers le dispositif (l'individu « s'approprie » un outil, une procédure, une norme technique…), l'inverse paraissant plus improbable, sauf peut-être dans les dispositifs d'intelligence artificielle, où certains robots peuvent « s'approprier », *i.e.* intégrer les comportements de leurs « partenaires » humains. Autre différence, l'appropriation n'implique pas forcément l'affiliation, comme le montre justement l'exemple du numérique : on peut se l'approprier sans s'y affilier ;

– du côté de l'affiliation, au contraire, la dimension première est à la fois sociale et individuelle, puisque l'affiliation est d'abord l'intégration de normes sociales par un individu. Au cœur de l'affiliation existe donc une interaction entre un individu et un milieu social, certes traversée par les dispositifs techniques. Il s'agit d'un processus bi-directionnel, de l'individu vers le milieu mais aussi du milieu vers l'individu, comme le rappelle l'histoire du mot : on s'affilie et on affilie. Par ailleurs, l'affiliation implique l'appropriation, tandis que l'inverse est moins vrai. Enfin, l'affiliation présuppose un modèle dominant, un ensemble de normes sociales, de routines, de codes implicites, et en retour une reconnaissance sociale. Quand on est « affilié à » un groupe, on est « adopté », reconnu par ce groupe. Cette dimension sociale et cette intégration d'un modèle de valeurs et de codes sociaux jouent beaucoup moins dans l'appropriation : je peux m'approprier le fonctionnement de tel ou tel outil numérique sans adhérer pour autant à ses valeurs, quand celles-ci existent. Ainsi, nous nous sommes tous appropriés Google et ses multiples services ; sommes-nous pour autant « affiliés » aux valeurs, aux normes ou à l'idéologie de la firme américaine ?

On pourra rétorquer qu'il s'agit là de pinaillage sémantique et qu'au fond, affiliation et appropriation, notamment du numérique, sont une seule et même chose, désignant les mêmes réalités. Mais derrière les mots se cachent beaucoup d'implicites, qu'il nous faut lever et cette distinction entre les notions d'affiliation et d'appropriation nous conduit à notre deuxième questionnement sur la notion d'affiliation numérique.

IV. Les contradictions de l'affiliation numérique

La notion d'affiliation numérique existe-t-elle et si oui, est-elle pertinente pour penser les processus à l'oeuvre aujourd'hui, notamment chez les étudiants usagers du numérique ? Si l'on considère que l'affiliation présuppose un modèle (social, politique, religieux, idéologique, cognitif, etc.) auquel on peut s'affilier et que l'on peut « adopter », qu'en est-il de l'affiliation au numérique ? À quel « modèle » du numérique va-t-on s'affilier ? Reprenons l'exemple de la notion « d'affiliation intellectuelle », qui présuppose une catégorisation du monde, un partage de représentations, de manières de penser le monde, comme l'expliquait très bien Alain Coulon :

> Lorsqu'on catégorise le monde de la même façon que ses semblables, on donne le même sens aux mêmes objets et aux mêmes événements. On est alors reconnu comme un membre compétent de sa société ou du groupe dans lequel on se propose de vivre : on devient affilié à ce groupe et à ses activités (Coulon, 1999, p. 42).

Reporter cette notion d'affiliation intellectuelle sur le numérique supposerait une définition préalable de la culture numérique, une représentation partagée, une manière de catégoriser le monde propre aux univers numériques. Nul besoin d'aller beaucoup plus avant ici pour montrer l'inanité de cette hypothèse : le « numérique », et surtout la « culture numérique », dont aucune définition satisfaisante et consensuelle n'a encore été fournie, se caractérise justement par l'extraordinaire hétérogénéité de ses réalités, de ses représentations, de ses valeurs, de ses codes, de ses composants. Quels points communs, quelles catégorisations du monde partagées, peuvent exister entre une bibliothèque numérique, un réseau social, une archive ouverte, un média en ligne, un site institutionnel, un site pornographique, une application de veille, un appareil photo numérique, etc. ?

Mais le numérique n'est-il pas avant tout un support d'écriture et de lecture, dont le principal aspect, effectivement partagé par ses innombrables incarnations, est sa « logique de support », au sens où l'on peut parler de la logique de l'imprimé, de celle de l'audiovisuel, etc. ? Certes, mais il s'agit là de logique socio-technique, « médiologique », et non de catégorisation du monde. Le « modèle » (en tant que modèle cognitif, politique, social, etc.) du numérique, considéré dans sa globalité, nous semble donc bien trop difficile à cerner et à identifier pour pouvoir parler d'« affiliation numérique ». Aurait-on parlé d'ailleurs, il y a encore quelques décennies, d'une « affiliation imprimée » ? Les supports d'écriture et les technologies intellectuelles excèdent trop les processus d'affiliations pour pouvoir leur fournir un modèle.

Si l'on prend la culture numérique par ses usages, peut-on parler d'affiliation, au sens où il existerait un modèle d'usage, un idéal-type de la culture numérique (dans sa version anthropologique) ? Mais quoi de commun entre un retraité qui consulte le web, un adolescent hyper-connecté à SnapChat, un chercheur qui utilise internet pour interroger ses bases de données, un enfant qui joue sur sa tablette, un consommateur qui fait ses achats en ligne, etc. ? Quelles valeurs communes ? Quels codes sociaux partagés ? L'infinie diversité des usages du numérique est un truisme et on voit bien que nous sommes à la recherche, là aussi, d'un modèle introuvable. Les seuls points communs seraient sans doute les procédures, les routines socio-techniques dans l'usage du numérique (bien qu'elles soient aussi très hétérogènes). Mais un ensemble de routines techniques partagées suffit-il à faire un modèle d'affiliation ?

En réalité, les véritables « affiliations numériques », au sens strict d'incorporation de normes et de codes sociaux, ne porteraient-elles pas plutôt sur les normes sociales, implicites ou explicites, de telle ou telle application, de tel ou tel réseau social, et notamment sur les valeurs, les règles imposées par les géants du web ? Plutôt que « d'affiliation numérique », ne vaudrait-il pas mieux parler d'affiliation à Facebook, à Twitter, à Snapchat, ou encore à HAL, à Gallica, à telle ou telle communauté ? Autrement dit, sur les réseaux numériques, ne faut-il pas mettre systématiquement le terme d'affiliation au pluriel, pour désigner les innombrables « adhésions » aux diverses communautés en ligne, aux réseaux sociaux, etc. ?

V. Affiliation ou appropriation numérique ?

Si la notion d'affiliation numérique (au singulier) nous paraît donc très contestable au plan théorique et peu pertinente au plan opératoire, en raison de l'absence d'un modèle d'affiliation clairement identifié, la notion *d'appropriation* du numérique, en revanche, est tout à fait justifiée et pertinente : l'usage du numérique implique l'appropriation, l'incorporation de diverses compétences, à la fois instrumentales, informationnelles, communicationnelles, parfois stratégiques. Il faut y relever surtout la prédominance des ressources culturelles, des « habitus », sur les compétences strictement numériques, comme le remarque très justement Hélène Bourdeloie : « l'appropriation de ces dispositifs d'écriture numérique est plus une affaire de ressources culturelles et sociales que de compétences numériques » (Bourdeloie, 2013, p. 25). Considérant que « l'usage de ces RSN est comparable à celui de tout objet culturel », Hélène Bourdeloie rappelle un constat d'évidence, trop souvent oublié ou occulté dans certains discours enchantés sur le numérique, mis à toutes les sauces (l'école, l'université, la citoyenneté, et même la République… qui seraient devenues « numériques »), à savoir que le numérique, malgré toutes ses potentialités et ses aspects positifs, est aussi un facteur d'aggravation des inégalités :

> Les dispositifs d'écriture numérique tendraient même à reproduire certaines inégalités puisqu'en requérant des compétences liées à l'écriture, qui laisse des traces et classe les individus dans la hiérarchie sociale, ils favorisent les plus lettrés (Bourdeloie, 2013, p. 25).

Cette dimension essentielle des compétences requises par le numérique nous rappelle que l'appropriation numérique, loin d'être un problème purement procédural et technique, reste une question éminemment éducative, politique et culturelle, comme l'a été en son temps l'alphabétisation généralisée, « l'appropriation » de l'usage du livre.

VI. La contradiction des usages du numérique avec les codes scolaires et universitaires

Un dernier constat viendra clore ce rapide tour d'horizon des notions d'affiliation ou d'appropriation numérique : celui de la contradiction entre usages du numérique et codes universitaires. Ce constat n'est certes pas nouveau et de nombreux travaux, notamment ceux de Christine Dioni (Dioni, 2007), de Laure Endrizzi (Endrizzi, 2013), de Florian Dauphin (Dauphin, 2012, p. 45), de même que la simple observation empirique, ont montré les écarts, les différences, voire les oppositions, entre culture scolaire et universitaire et culture numérique juvénile. Florian Dauphin n'hésite pas d'ailleurs à parler de « l'antagonisme entre les pratiques scolaires et extra-scolaires[7] », antagonisme entre deux logiques d'usage qu'il a bien résumées dans ce tableau comparatif entre « Culture juvénile numérique et culture scolaire » (Dauphin, 2012, p. 45) :

Tableau : Culture juvénile numérique et culture scolaire

Cadre	Usages profanes Culture numérique juvénile	Usages prescrits Culture scolaire
But	- Individualisation et autonomie / famille - Communication et appartenance à un groupe de pairs	- Compétences globales des techniques et usage citoyen - Accès au savoir
Temporalité	- Information immédiate, - Culture du buzz, du zapping et du copié-collé - Information émotionnelle	- Information critique - Recherche avec une méthodologie qui s'inscrit dans une certaine durée
Connaissances	- Pragmatiques - Usages intuitifs - Modèle inductif - « Sacralisation » de la technique	- Pratiques et théoriques - Accès au savoir avec des méthodes - Modèle hypothético-déductif - Conceptualisation et théorie de la technique
Rapport à la technique	- Ludique et consumériste - Essentiellement communicatif	- Pédagogique et critique, rationnel et utilitaire - Essentiellement informationnel
Type de liens sociaux	- Communautaire	- Pédagogique
Compétences	- Relationnelles et communicatives - Savoir-être	- Globales : techniques et critiques - Savoir-faire transversal

Fig. 1 : Comparaison entre culture juvénile numérique et culture scolaire

7. « On peut constater un écart, voire une contradiction, entre la culture scolaire et la culture numérique partagée par les jeunes » (Dauphin, 2012, p. 46).

Ce tableau comparatif des deux cultures rappelle que nous sommes dans un hiatus profond, qui risque de durer encore longtemps, entre deux modèles socio-cognitifs : d'une part, l'affiliation aux codes intellectuels classiques de l'école et de l'université, fondés sur les logiques multi-séculaires de la « graphosphère » (la lenteur, l'attention profonde, le primat de la raison, etc.), d'autre part l'appropriation des codes des réseaux numériques, fondés sur les logiques d'immédiateté, de vitesse, d'hyper-attention… A ces différences socio-cognitives (que l'on peut résumer à l'opposition imprimé vs numérique) s'ajoute l'impact du numérique sur les processus d'affiliation eux-mêmes, au regard du rapport aux autorités (cognitives, institutionnelles, etc.). Comme l'indique Dominique Boullier, « le numérique rend possibles toutes les affiliations et désaffiliations à vitesse accélérée, ce qui sape d'une autre façon la loyauté vis-à-vis des autorités » (Boullier, 2016, p. 25). Par sa nature même, le numérique est un puissant dissolvant de tout principe d'autorité, un facteur aggravant de la crise générale des autorités établies, et cette propriété intrinsèque participe de la contradiction actuelle entre affiliation aux codes universitaires et appropriation numérique.

Une autre raison de ce hiatus, complémentaire de celles que nous venons d'évoquer, tiendrait à la contradiction profonde entre affiliation et différenciation. Selon Franck Dorso, « une tension structurante dans le processus de socialisation des individus se dessine, caractérisée par deux pôles : affiliation normative versus différenciation » (Dorso, 2012, p. 44). Lorsque l'on s'affilie, par exemple dans le processus d'affiliation intellectuelle, on accepte les normes sociales, on se fond dans le modèle dominant; tandis que le processus de différenciation, d'individuation, passe par la transgression de ces normes : « Les transgressions, en revanche, expriment plus une volonté de s'affirmer, de se singulariser, une affirmation de soi en réaction à l'identification normative induite par l'affiliation » (Dorso, 2012, p. 50). Or, comme le montrent les différents travaux cités, la culture numérique spontanée est le plus souvent, pour de très nombreux jeunes, de l'ordre de la transgression face aux modèles normatifs dominants. Dès lors, tant que l'appropriation numérique sera du côté de la transgression, de la différenciation, le hiatus avec l'affiliation intellectuelle risque de persister. Certes, cet écart entre pratiques numériques spontanées et affiliation scolaire et intellectuelle est sans doute plus important dans l'enseignement secondaire, où les processus de construction et de différenciation jouent à plein.

VII. Vers une convergence des modèles d'affiliation ?

Ces contradictions entre les deux « modèles » nous invitent à reposer notre question initiale, que l'on reformulera ainsi : si « l'affiliation intellectuelle » d'un côté, pour reprendre cette notion, malgré toutes ses limites, et « l'appropriation numérique » de l'autre, sont aussi contradictoires, voire opposées, du moins dans l'état actuel des pratiques, qu'est-ce qui permettrait de les faire converger et de parler « d'affiliation intellectuelle *par* le numérique » pour les étudiants ? L'une des voies possibles pour développer progressivement une convergence, voire un recouvrement, des deux affiliations/appropriations, intellectuelle et numérique, pourrait consister, selon nous, à opérer le double mouvement suivant : la « numérisation » du modèle universitaire de l'affiliation intellectuelle et l'« académisation » de l'appropriation et de la culture numériques.

En premier lieu, il faudrait numériser bien davantage les pratiques habituelles du travail académique, intégrer, en les réinventant, les codes implicites universitaires dans les usages du numérique. Ce qui aura pour effet d'« académiser » progressivement les pratiques spontanées numériques. Certes, de nombreux usages universitaires du numérique se sont déjà développés depuis plusieurs années : qu'il s'agisse des règles de la *nétiquette* du courrier électronique, des usages de la citation permis par les logiciels de référence bibliographique, de l'interrogation des bases de données, du développement des standards et des pratiques du Libre Accès, etc., les codes d'une nouvelle « affiliation intellectuelle » ne cessent de se numériser. Mais ils sont loin de toucher tous les étudiants, ils concernent avant tout les chercheurs, les doctorants ou les étudiants de Master, avec de grandes disparités selon les disciplines, les profils individuels, les thèmes de recherche… Par ailleurs, il ne faut pas surestimer les pratiques numériques spontanées des étudiants. Se fondant sur la synthèse de plusieurs enquêtes sur les usages du numérique par les étudiants, Laure Endrizzi montre que « ces usages récréatifs [du numérique] sont quantitativement plus importants que les usages académiques et augmentent plus vite, grâce notamment à l'essor des équipements mobiles et à la convergence entre téléphonie et réseaux sociaux » (Endrizzi, 2013, p. 1). Et elle rappelle, après bien d'autres, ce constat désormais reconnu : la réalité des pratiques étudiantes est assez éloignée du mythe d'une génération de *digital natives*, maîtrisant parfaitement le numérique. Les compétences numériques sont très inégalement réparties, et une grande partie des étudiants, comme l'ont montré de nombreuses enquêtes, a une utilisation assez pauvre d'internet et du web, bien en deçà des potentialités des outils et des ressources numériques : « La plupart des typologies montre qu'un étudiant sur deux a des usages vraiment basiques, qui relèvent essentiellement de la réception : dans sa boîte à outils, on trouve Google, Facebook, YouTube et Wikipedia, point final ! » (Endrizzi, 2013, p. 2).

Le « modèle académique du numérique », si l'on peut désigner ainsi la pleine incorporation des pratiques numériques et la refonte du modèle académique traditionnel, est donc encore loin d'être stabilisé, défini et surtout prédominant. Il conviendrait ainsi de développer massivement, systématiquement auprès de tous les étudiants, ces nouveaux apprentissages, encore trop disparates et éclatés : la lutte contre le relativisme des sources par la formation à l'identification et à l'évaluation des ressources, la formation à l'art de la citation et au référencement bibliographique par l'utilisation et la maîtrise des outils de gestion des références bibliographiques, la redécouverte des anciennes méthodologies de la prise de notes par l'usage des outils de *mind mapping*, le développement du travail collaboratif permis par les outils du web, les usages académiques de Twitter et des réseaux sociaux, etc. Toutes les formations (notamment doctorales) à l'IST[8], organisées dans et par les bibliothèques universitaires, les URFIST[9], les organismes de recherche (CNRS, INRA, etc.) participent, à leur échelle, de ce « modèle académique du numérique ». Mais elles sont loin de toucher tous les étudiants et les enseignants. En bref, il s'agit d'une part de « numériser » davantage les pratiques universitaires et de recherche, et d'autre part d'« académiser » le web et certains de ses outils.

En second lieu, il faut poser la question d'une culture numérique, au sens transmissif du terme, *i.e.* développer progressivement un corpus de savoirs, de notions, de compétences, de savoir-faire, propres au numérique et en convergence avec les autres cultures de l'information (maîtrise des médias, de l'information-documentation, de l'informatique, de la culture des données), un corpus qui soit scientifiquement construit et validé, didactiquement bien conçu. L'université, de même que l'école, ne peut se contenter d'observer et de prendre en compte les pratiques numériques spontanées des adolescents et des étudiants. Elle se doit de développer une véritable « littératie numérique », permettant

8. Information Scientifique et Technique.
9. Unités Régionales de Formation à l'Information Scientifique et Technique.

de donner aux étudiants un bagage théorique, technique et critique *sur* le numérique. Il ne s'agit pas seulement d'enseigner et d'apprendre *par* le numérique mais de faire de celui-ci un objet d'étude (de même qu'il constitue déjà un objet de recherche pour de nombreux chercheurs), mobilisant de multiples savoirs (techniques, économiques, juridiques, historiques, politiques, informationnels, etc.). Lorsque la « culture numérique » deviendra un objet scolaire, un corpus didactique enseigné à tous les niveaux et de façon progressive, gageons qu'elle perdra une bonne part de son aura transgressive et que l'opposition entre les deux modèles sera progressivement réduite. Les processus de différenciation, propres à la construction de soi, prendront alors d'autres voies.

Dans cette perspective, beaucoup reste à faire, pour reprendre une citation de Laure Endrizzi, qui nous servira de conclusion, aussi juste que provisoire : « La littératie numérique n'est pas un prérequis : c'est un objectif à atteindre » (Endrizzi, 2013, p. 3).

Bibliographie

Bessières Dominique, « Sociologie de l'appropriation des TICE : peut-on parler d'une culture informationnelle partagée ou de genèse d'usage? », *Études de communication*, n° 38 (1), 2013, p. 39-48. Disp. sur < http:// www. cairn. info/article.php? ID_ARTICLE = EDC_038_0039 >.

Bézille Hélène, « Formation du sujet, apprentissages et dynamique des affiliations », *Éducation et francophonie*, vol. 38, n °1, 2010, p. 123-137. Disp. sur < http://doi.org/10.7202/039983ar>.

Boullier Dominique, *Sociologie du numérique*, Paris, Armand Colin, 2016, p. 349.

Bourdeloie Hélène, « L'appropriation des dispositifs d'écriture numérique : translittératie et capitaux culturel et social », *Études de communication*, vol. 38, n° 1, 2013, p. 23-36. Disp. sur < http://www. cairn. info/resume. php? ID_ARTICLE = EDC_038_0023 >.

Bourdon Sylvain, « Entre le biographique et le curriculaire, l'apprentissage tout au long de la vie », *Éducation et francophonie*, vol. 38, n° 1, 2010, p. 1-10. Disp. sur < http://www.erudit.org/revue/ef/2010/v38/n1/039976ar.pdf>.

Boyer Régine, Coridian Charles et Erlich Valérie, « L'entrée dans la vie étudiante. Socialisation et apprentissages », *Revue française de pédagogie*, n° 136, 2001, p. 97-105. Disp. sur < http://www.persee.fr/docAsPDF/ rfp_0556-7807_2001_num_136_1_2829.pdf>.

Coulon Alain, « Un instrument d'affiliation intellectuelle L'enseignement de la méthodologie documentaire dans les premiers cycles universitaires », *Bulletin des bibliothèques de France*, n° 1, 1999. Disp. sur < http://bbf.enssib.fr/consulter/bbf-1999-01-0036-005>.

Dauphin Florian, « Culture et pratiques numériques juvéniles : Quels usages pour quelles compétences ? », *Questions Vives. Recherches en éducation*, vol. 7, n° 17, 2012, p. 37-52. Disp. sur < http://doi.org/10.4000/questionsvives.988>.

Dioni Christine, « L'acculturation numérique des adolescents : un défi pour la profession enseignante ? », *Colloque TICE Méditerranée*, Marseille, 2007. Disp. sur < http://isdm.univ-tln.fr/PDF/isdm29/DIONI.pdf>.

Dorso Franck, « Pour une sociologie de l'écart. Affliation et différenciation dans les processus de socialisation et d'urbanisation », *Nouvelles perspectives en sciences sociales*, vol. 8, n° 1, 2012, p. 35-59. Disp. sur : < http://www.erudit.org/revue/npss/2012/v8/n1/1013917ar.pdf>.

Endrizzi Laure, « Les étudiants ne sont pas des mutants », *Focus pédagogie, Unisciel*, 2013, p. 4. Disp. sur < http://laure-endrizzi.net/wp-content/uploads/2013/05/Art-endrizzi-2013-unisciel-etudiants-non-mutants.pdf>.

Gibson James Jerome, *Approche écologique de la perception visuelle*, Éd. Dehors, 2014.

Luyat Marion et Regia-Corte Tony, « Les affordances : de James Jerome Gibson aux formalisations récentes du concept », *L'année psychologique*, n° 109, 2009, p. 297-332. Disp. sur < https://www.researchgate.net/profile/Marion_Luyat/publication/258373130_Les_affordances__de_James_Jerome_Gibson_aux_formalisations_rcentes_du_concept/links/54acd6570cf21c47713a74cb.pdf>.

Meunier Deborah et Rosier Laurence, « Les "dessous" du discours universitaire ou existe-t-il un "discours étudiant" ? », *Colloque international « Les discours universitaires : formes, pratiques, mutations »*, Paris, L'Harmattan, 2009. Disp. sur < http://orbi.ulg.ac.be/bitstream/2268/157504/1/Meunier%20Rosier_Discours%20universitaires.pdf>.

Ogien Albert, « L'affiliation : analyse de la constitution de l'intervention sur autrui », *Pratiques de formation*, n° 11-12, 1985. Disp. sur < http://vadeker.net/corpus/pfem/5-5_affiliation.html>.

Papi Cathia, « Causes et motifs du non-usage de ressources numériques », *Recherches & éducations*, n° 6, 2012, p. 127-142.

Rayou Patrick, « Après les « héritiers ». Les nouveaux étudiants, entre affiliation et négociations », *La Recherche*, 2007. Disp. sur < http://thematic.hautetfort.com/media/02/01/127723776.pdf>.

Conclusion

Les pratiques numériques au prisme des affiliations : pour un dépassement de l'approche par les pratiques informationnelles numériques

par Vincent Liquète

I. Un concept en construction

Le concept d'affiliation décrit le processus par lequel un individu s'approprie, incorpore cognitivement et socialement les « allant de soi » et les savoir-faire, l'*habitus* d'un groupe social, d'une communauté de pratiques, ou d'un réseau informationnel et/ou documentaire, pour construire son identité autant que ses savoirs. Entre identité et socialité, dans l'ordre des pratiques, l'affiliation (ou son défaut : la désaffiliation) est à la fois rattachement et reconnaissance. Ainsi, Alain Coulon, dès 1997, décrit l'affiliation intellectuelle et ses enjeux pour l'enseignement supérieur ainsi : « par affiliation, il faut entendre le processus qui consiste à découvrir et à s'approprier les allant de soi et les routines dissimulées dans les pratiques de l'enseignement supérieur ». Il souligne que cette « compétence » regroupe à la fois des éléments cognitifs (contenus intellectuels, méthodes d'exposition du savoir ou documentaires) et identitaires (*habitus* étudiant). Dès lors, la question retenue au cours de cet ouvrage a été celle des processus d'affiliation/désaffiliation (formels et informels) dans la construction des savoirs et des identités au sein des réseaux et des environnements numériques.

La fonction d'affiliation est aujourd'hui nécessairement liée aux nouvelles formes d'activités des communautés de pratiques, de création et de diffusion de savoir dans le tissage informationnel et la complexité translittéracique. Les propriétés informationnelles et « actionnelles », ne seraient de l'ordre ni de la subjectivité, ni de la normativité pure, mais d'un « allant de soi », de modes d'apprentissage porté par des stratégies cognitives et des organisations dynamiques d'affiliation liant pratiques et construction des savoirs et des identités. Ainsi, les cultures autour du numérique seraient des temps et des espaces permettant collectivement d'apprendre ensemble mais également d'acquérir des routines et des procédures. Par sa contribution, André Tricot souligne que l'affiliation, au sens cognitif, est un double processus : actif et passif à la fois. Ce processus est passif (on apprend sans rien faire, par exemple les caractéristiques phonologiques de notre langue maternelle) ou actif (on apprend en faisant quelque chose), à travers des activités d'exploration de l'environnement, de relations sociales et de jeux.

Comme l'évoque Franc Morandi dès l'introduction de cet ouvrage, Jenkins (2006) décrit les affiliations comme forme de la culture participative, associant adhésions, formelles et informelles, des communautés en ligne centrés autour de diverses formes de médias[1]. L'affiliation numérique deviendrait, par le biais d'une construction culturelle originale, les opérations intellectuelles liées à la reconfiguration des savoirs dans un univers culturel mouvant, le théâtre renouvelé d'affiliations intellectuelles, intégrées au nouveau format de connaissance de la culture participative, dans une culture de la convergence : « La convergence représente ce tournant culturel dans lequel les consommateurs sont encouragés à chercher de nouvelles informations et à mettre en relation des contenus médiatiques dispersés », nous dit H. Jenkins, dans « Convergence Culture ». Dès lors, la translittératie occupe le terrain de ce transfert des expériences multimodales de l'information en comportement culturel et cognitif intégré aux pratiques et aux stratégies d'apprentissage. Ainsi, l'articulation des pratiques serait à penser entre formalité et informalité des activités. Karel Soumagnac et Camille Capelle rappellent de la nécessité d'articuler les pratiques d'information formelles et informelles : « L'imbrication des pratiques informationnelles formelles et informelles est le ciment de l'affiliation médiée par les outils numériques dans le cadre des TPE car elle permet l'expression d'un travail collectif fondé sur le partage de lecture

1. Comme Friendster, Facebook, des babillards électroniques, metagaming, les clans de jeux ou MySpace.

et d'écriture suivant les envies, la culture et les goûts de chacun » rappellent-elles.

Interroger les processus d'affiliation revient également, plus largement, à questionner les postures et les intentions du chercheur en sciences sociales. Sylvie Grosjean et Anne Mayère, par exemple, insistent sur le fait que pour bien comprendre un tel processus, il faut au chercheur décrire les « mondes locaux » au sein desquels se construisent des relations sociales et des apprentissages, au sens de Bezille (2010). Elles évoquent également la place prédominante de l'écrit professionnel : « L'activité qui est au cœur des pratiques d'écriture informatisée des aides-soignants est une activité de traçage ; l'idée est de « garder trace » des actions entreprises, « faire trace » de l'activité ».

II. La translittératie au regard des affiliations

Rappelons qu'à nos yeux, la translittératie englobe les trois sens de l'Information à savoir « l'actualité-évènementielle » (en relation au dispositif de la presse), « l'information-document » (en relation aux médias numériques), et « l'information-donnée » (en relation aux usages sociaux, professionnels et cognitifs du Web).

Appréhender la translittératie c'est également considérer les niveaux d'interaction, *a minima* de deux types en matière d'information :

– premièrement, l'agencement multi-médias qui impose d'être capable de lire, écrire et compter avec tous les outils à disposition (de l'écrit à l'image, du livre au wiki) ;

– deuxièmement, la maîtrise multi-domaines qui exige d'être capable de chercher, évaluer, tester, valider, modifier l'information selon ses contextes d'usage pertinents.

Le document, à lui seul, occupe une place de choix, comme l'analyse Angèle Stalder rappelant que les processus d'affiliation, par les objets, comme le document technique dans son propos. Elle souligne que dans l'affiliation il y a une incorporation du genre du document technique. Même si le document n'a pas vocation à être mis en discussion et être rendu visible, il devient un espace de dialogue entre les pairs.

L'approche translittéracique accompagne également les contextes informationnels sociaux, organisés autour de deux évolutions culturelles marquantes tant sur les comportements culturels que symboliques à savoir :

1. « l'éditorialisation de l'information » qui s'organise à partir de réseaux, de machines à communiquer et programmes où les documents acquièrent une plasticité radicalement originale, propre aux langages artificiels fondés sur le calcul et l'informatique ;

2. « la transférabilité » de diverses pratiques et habiletés dans des contextes informationnels pourtant différents voire différenciés par les acteurs.

Les contextes et dispositifs numériques amplifieraient également les brassages des générations et des profils d'individus. Anne Cordier et Anne Lehmans proposent une hypothèse liée à une dimension sociale émergente : « Les processus d'affiliation qui se mettent en place font émerger une nouvelle conception de la communauté d'apprentissage, dans laquelle le "pair" peut être un autre enseignant comme un élève », où les types d'acteurs sont mélangés voire brassés entre eux dans la construction de savoirs.

III. Les affiliations en contexte numérique

Il s'agit là d'un « nouveau » niveau de questionnement et de prise en compte du processus d'affiliation face à l'essor des contextes et des dispositifs numériques. L'enjeu en coordonnant cet ouvrage était de revendiquer, à travers une approche par les affiliations, un débordement des approches centrées « usage », et les analyses par les seules offres technologiques projetant des supposées pratiques en écho aux dispositifs. Alexandra Saemmer note cependant le poids des dispositifs sur les formes d'affiliations en action. Elle écrit « Les pratiques modélisées par les signes d'un texte, d'une page-écran, d'un logiciel et plus globalement d'un dispositif de lecture, peuvent dans certains cas confirmer et renforcer les affiliations déjà existantes à des normes et des routines, alors que d'autres de ces modélisations peuvent mettre ces affiliations au défi et ouvrir des brèches possibles à la différenciation ». La question centrale au cours du colloque de Bordeaux 2016, qui a nourri cet ouvrage, est alors de savoir si le contexte numérique, dans sa matérialité (l'usage d'artefacts, de techniques), sa structure (la lecture et l'écriture numériques), ses objets (trans-médias), sa dynamique réticulaire, favorise des modes d'interactions sociales relevant de l'affiliation et permettant des formes renouvelées d'inclusion/intégration sociale, ou au contraire augmente certaines formes d'exclusion par désaffiliation.

Une des hypothèses de cet ouvrage est de considérer l'incidence du numérique, à travers ces dispositifs, ces objets, ces documents, sur les formes d'affiliation engagée. Anaïs Theviot à propos des affiliations partisanes, rappelle la nécessité d'une constante relance des activités. Elle écrit : « L'affiliation partisane est facilitée en ligne, mais encore faut-il qu'elle soit renouvelée l'année suivante. Les difficultés pour se conformer au rôle prescrit, s'adapter aux règles et normes de l'institution partisane, en prise avec ses propres logiques internes de recrutement, peuvent conduire à une adhésion très ponctuelle ».

IV. Différentes formes d'affiliations interrogées

Trois natures d'affiliation ont été privilégiées au cours de cet ouvrage, à savoir :

1. *Les affiliations de nature générationnelle*

Ces affiliations, notamment autour et par le numérique, interrogent les transferts, les appropriations de savoirs et de compétences au sein d'une même génération en intra-générationnel (les moins de 15 ans, les jeunes adultes, etc.) ou à un niveau intergénérationnel, notamment entre les parents et les enfants, ou entre les grands-parents et les jeunes. Ce type d'affiliation souligne les incidences du numérique sur les modes de rapprochement des individus, la façon dont s'opèrent les échanges et les modes de partage d'information entre eux.

2. *Les affiliations de nature professionnelle*

Ces travaux interrogent essentiellement les organisations pour tenter de comprendre et d'identifier les modes de transmission, d'échange, de partage entre les salariés, les professionnels, les plus aguerris, expérimentés, l'apport des plus jeunes dans une organisation, etc. Ce niveau de réflexion pose la question de la pérennité des organisations, des modes de gestion et d'organisation des informations, et de transfert de compétences entre les pairs, de manière spontanée ou plus structurée selon des politiques d'organisation des transferts de compétences et des connaissances entre les acteurs concernés. L'apport et l'impact du numérique redistribuent les tâches, les modes d'organisation et de prise de décision au sein d'une entreprise, ou plus largement, de toute organisation.

3. *Les affiliations au sein des communautés d'intérêts*

Ces affiliations sont principalement centrées sur des passions, des hobbies, des thématiques mis en partage entre des individus : ces derniers ne se connaissent pas dans la vie réelle, ils peuvent communiquer et échanger à distance. Le ciment de la sociabilité est celui du sujet et de la thématique partagée. Le numérique renforcerait les modes d'écriture, transformerait les types de littératies en jeu et les capacités à disséminer les informations du domaine privilégié. Le processus d'affiliation glisserait progressivement vers des configurations prioritairement numérisées; Nathalie Pinède et Véronique Lespinet-Najib, à travers une enquête massive, démontrent, par exemple, que les principales affiliations sont connectées. Elles écrivent à ce propos, « Nous sommes donc bien dans des pratiques informationnelles numériques socialisées, inscrites dans une dynamique d'affiliations connectées ».

V. Des contributions organisées autour de deux dimensions

1. *La dimension épistémologique*

Penser ce qui nous lie « ensemble » et « différemment » dans/par le numérique, comme inscription sociale autant que construction identitaire, suppose le passage du lien faible d'affiliation à un lien fort difficilement analysable avec nos modèles classiques de la relation sociale. Les nouvelles affiliations appartiennent à la nouvelle économie et la nouvelle expérience de l'échange, non de biens mais de datas de socialité. Les modèles semblent ne plus être linéaires, ou de face-à-face, mais faits d'interfaces réticulaires et d'une constellation d'affiliations pour un seul sujet. L'opération identitaire remplace l'appartenance préfigurée. Ainsi, l'appartenance et l'affiliation à un groupe, comme proposée par Mélanie Bourdaa passeraient par le fait de se nommer : « Le premier signe d'affiliation et d'appartenance des fans transparaît dans le choix du nom de la communauté. Ce marqueur identitaire porte une double importance : une importance individuelle qui va permettre au fan de s'identifier en tant que tel, et une importance collective qui va avoir une résonnance sociale », écrit-elle.

L'objet de cet ouvrage a été de mobiliser différents protocoles et recherches pluridisciplinaires pour examiner diverses dynamiques des affiliations et des « désaffiliations », et nous éclairer et compléter au regard d'approches théoriques et méthodologiques variées les dynamiques en cours, d'affiliations « en actes ».

2. *La dimension anthropologique*

Les affiliations appartiendraient à un nouveau socle anthropologique qu'il s'agit de décrire à travers les expériences des acteurs, leur récit et leurs représentations. Les affiliations deviennent un opérateur fonctionnel des « formes d'échanges et le nouveau rapport à soi et aux autres construit notamment par les adolescents » (Tabary-Bolka, 2009 ; Gaudelli, 2009). Elles constituent une forme originale de relation aux autres : une représentation de soi multiple se configurant au travers d'une multiplicité d'affiliations (en fonction du sexe, de l'âge, de la classe sociale ou de l'appartenance ethnique) sorte de « stade du miroir » répété et généralisé.

Nous sommes ainsi passés progressivement d'une identité (humaine ou culturelle) d'appartenance et de filiation qui mettait en avant l'identité collective à une identité multi-appartenance et multi-identitaire, favorisée par le développement des nouveaux médias.

Pour conclure, ce concept d'affiliation bien que délimité et décliné tout au long de l'ouvrage interroge encore les chercheurs en sciences humaines qui s'intéressent fondamentalement aux situations info-communicationnelles. Comme nous y invite Alexandre Serres en tentant de confronter affiliation et appropriation ; il montre que l'affiliation numérique reste une approche fragile car dit-il « Nul besoin d'aller beaucoup plus avant ici pour montrer l'inanité de cette hypothèse : le « numérique », et surtout la « culture numérique », dont aucune définition satisfaisante et consensuelle n'a encore été fournie, se caractérise justement par l'extraordinaire hétérogénéité de ses réalités, de ses représentations, de ses valeurs, de ses codes, de ses composants ».

In fine, face à une telle diversité des conceptions et des approches, peut-on encore parler de culture et de dimension collective ?

Table des matières

Introduction. Affiliation(s) et numérique :
approche anthropologique 5
par Franc Morandi

Partie I
L'affiliation dans tous ses états

I. L'affiliation, appropriation implicite ou automatisation ? ...23
par André Tricot

II. Approcher le processus d'affiliation professionnelle
dans un contexte de numérisation d'une organisation :
le travail de l'écrit avec un système d'information médical ...35
par Sylvie Grosjean et Anne Mayère

III. Lectures préférentielles du dispositif tablette 57
par Alexandra Saemmer

Partie II
Affiliations et activités numériques

IV. Reconfigurations de l'affiliation partisane
au prisme du numérique 75
par Anaïs Theviot

V. Les *fandoms*, entre communautés, affiliations et
sociabilisation. Le cas des fans de séries télévisées 89
par Mélanie Bourdaa

Partie III
Affiliations, contextes numériques et éducation

VI. Formes d'affiliations dans les pratiques informationnelles des lycéens avec le numérique : le cas des Travaux Personnels Encadrés (TPE) 107
par Karel Soumagnac et Camille Capelle

VII. Le rôle du partage dans les pratiques numériques des lycéens 123
par Nathalie Pinède et Véronique Lespinet-Najib

VIII. Affiliations numériques et postures enseignantes : vers une redéfinition de la communauté d'apprentissage ? 139
par Anne Cordier et Anne Lehmans

Partie IV
Dynamiques et modélisations des affiliations

IX. Affiliations autour du document technique au sein d'une communauté de pratique 157
par Angèle Stalder

X. Affiliation intellectuelle et culture numérique : la question du modèle 175
par Alexandre Serres

Conclusion. Les pratiques numériques au prisme des affiliations : pour un dépassement de l'approche par les pratiques informationnelles numériques 189
par Vincent Liquète

Printed in Dunstable, United Kingdom

91222219R00113